身近な
素材で
実験する物理

初田真知子・伊知地国夫・矢田雅哉 共著

丸善出版

はじめに

　本書は科学リテラシーの向上を目的とした物理のテキストです。"身近な素材で実験する物理"という タイトルのとおり、身近な素材でできる実験がつまっています。本書の題名のひらがなをつなげて"な でする物理"と呼んで、写真でわかる実験レシピを活用していただければ嬉しいことです。本書は、大学の 一般教養の物理のテキストとして、実験を取り入れた体験授業を行っている著者らが作成したものです。 学部やカリキュラムによって受講生の数が数名から数百名と異なる中で、一人一人に物理の面白さを体感 してもらうために「学生による実験」「手元で行う実験」を軸にしています。本書の1節がほぼ1回分の 授業に対応しており、実験前の予想のディスカッション、実験、結果の考察、物理法則の確認、例題、と いう流れになっています。小学校、中学校、高校の先生方にもアクティブラーニング授業の参考にして頂 けると思います。

　現代社会では、地震や津波、高齢化、エネルギー転換、地球温暖化、人類の宇宙進出、新型コロナなど、 様々な問題やそれに伴う変化が起こっています。これらの課題に取り組む際に、物理現象として切り分け られる部分については、正しく現象を理解し次に何が起こるのか予測が立てられるような科学リテラシー が必要だと考えます。現代社会に活かす科学リテラシーを身につけるためには、予測して、実験して確か め、その背後にある物理法則を学ぶという経験を積み重ねることが大事でしょう。座学で丸暗記した知識 をいきなり目の前の課題に応用することは難しいからです。

　このような背景のもと、現代社会において重要なテーマを次の6つの章に大別しました。第1章 静力 学、第2章 動力学、第3章 圧力・熱、第4章 波、第5章 電磁気、第6章 放射線です。第1章 静力学で は、高齢化社会に向けてボディメカニックスをテーマとし、介護などの支援についても考えてもらうよう にしました。第2章 動力学では、体当たりで体感できる力学実験があります。第3章 圧力・熱では、血 圧や不思議な水の実験を取り上げました。第4章 波では、なじみ深いにも関わらず物理法則となると難 しい波ですが、波を可視化できる装置を手作りして、波を衝突させるとどうなるのかなどを実験して見え るようにしました。オリジナルな光の実験では、いつも見ている景色を改めて見直すことになると思いま す。また、災害で電気を失った経験を持つ私達ですが、第5章 電磁気では改めて電気の正体を確認する ような実験の流れにしました。最後に、原子力発電事故の経験を踏まえて、第6章 放射線では正しい放 射線の知識を共有できるように身近な話題から説明しました。

本書の特徴は、「議論」してから「実験」して頭と五感を使って物理を「考える」という流れになっていることです。定性的な物理実験を基軸とし、グループディスカッションのテーマとなる問いかけを節の始めにおきました。ここで取り上げた実験は、身近な素材を用いるということにこだわっています。よく知られた実験を身近な素材でできるようにアレンジしたものや、オリジナルの実験など様々な実験を紹介しています。オンライン授業で、家にいても一人でできる実験もあります。実験の準備から結果を動画にした実験もあります。読者の皆さんには、さらに上手に実験する方法や、さらに面白い方法を見つけていただきたいと思います。実験の試行錯誤のプロセスやそれらの情報を交換することはとても楽しいものです。

　科学現象の背後にある法則を理解して、別の現象に応用する力、次に何が起こるかを予測する力、数式を用いなくとも言葉で科学現象を説明する力、科学現象について議論し検証する力、スマホやパソコンがなくても自分の頭で考えて問題解決する力。そんな力を育んで欲しいと思います。そのために高校で物理を履修していない学生を前提として作りました。物理現象や法則をイメージしやすいように、物理法則の関係式はできるだけ英数字を使わずに言葉で表してあります。物理の習得に必要な練習問題も用意し、練習問題の解説の式では数値にも単位を表示して数値の意味の対応を明らかにしました。問いかけに対する寸劇やコラムには、物理現象をどのように読み解くのかという考え方の例が書かれていますので、興味を持った所から是非つまみ読みして下さい。

　本書を通して、科学の面白さに気づき、科学リテラシーの向上に役立てていただければ幸いです。

執筆者を代表して
初田　真知子
2021 年 12 月

目　次

第4章
波

第5章
電磁気

第6章
放射線

?!? Let's discuss! 議論

♀M Let's try 実験

Column　コラム

本書の使い方

　本書は身近な素材を用いて様々な実験を行い、その実験を通して物理を学ぶテキストです。Let's discuss ではテーマについて話し合ってみましょう。Skit にはいろいろな意見の例がありますので、皆さんも自由に考えてみましょう。Let's try では手順を参考にして考えながら実験を行いましょう。POINT に物理の法則や性質がまとめられているので、そのテーマについて理解を深めましょう。

Let's discuss
テーマについて話し合ってみましょう

これまで学んできた知識や、身のまわりの体験に基づいて、実験の予測をしたり、テーマについて考え、話し合ってみましょう。

Skit
いろいろな考え方をみてみましょう

ひとそれぞれの直感や体験があります。いろいろな考え方を聞いて、それに対してどう考えるのかも話し合いましょう。

Let's try
実験しましょう

身近にある素材を使って、実験してみましょう。実験の結果は予想どおりでしょうか。考えながら実験しましょう。

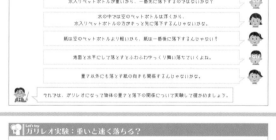

POINT
テーマのポイントを確認しましょう

実験結果と予測で用いたことを整理して、このまとめで理解を深めましょう。

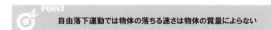

POINT
自由落下運動では物体の落ちる速さは物体の質量によらない

本書に用いるアイコンとその意味

アイコン	意味	補足説明
	議論 Let's discuss	本書の特徴の1つです。テーマについて、直感やこれまでに学んだことを基に議論しましょう。正解にたどり着く必要はありません。自由な発想で。
	実験 Let's try	本書の特徴の1つです。議論されたことを実験で確かめましょう。背後にある物理の法則がどのようなものか考えながら実験しましょう。
	ポイント POINT	重要な概念や物理法則が簡潔に書かれています。議論や実験を通してこのポイントを理解し、別の現象の理解や現象の予測に応用しましょう。
	練習問題 Exercise	学んだ知識を正しく理解できているのか確認しましょう。計算式にも数値（単位）というように、（　）で単位を記載しています。
	コラム Column	各章のテーマにまつわる話題を紹介しています。興味のある内容を見つけたらより深く調べてみましょう。
	小問 mini-exercise	学んだことについて実際に手を動かして、計算してみましょう。
	寸劇 Skit	話し合いでどのような考え方をしたらいいのかわからないとき、何が問題なのかわからないとき、このSkitから糸口を見つけましょう。
	豆知識 TIPS	本文に関連する内容の補足、一歩進んだ内容、科学史などです。本文の内容を様々な視点からより深く理解しましょう。
	関連情報 Information	本文に関連するデータの項目です。本題で示された科学事実からデータを基に別の状況ではどのような結果が得られるのか考えてみましょう。
	動画 Movie	動きのある物理実験や現象について作者作成のインターネット動画を利用してみることができます。閲覧できなくなる場合もあります。
検索	キーワード検索 Search	書かれているキーワードをネットで検索してみましょう。ネットの情報は玉石混交です。情報の発信元を確認して信頼できる情報を選びましょう。

静力学

姿勢を維持するためには

2人の体操選手が組体操をしています。
動くことも倒れることもなく同じ姿勢を維持しています。
どうしてこのようなことができるのでしょうか？
姿勢を安定に維持するためにはどのような条件があるのでしょうか？
この章では物体にはたらく力と物体が静止する条件について学び、
人体にはたらく力や安定性の条件に応用してみましょう。

第1章

1-1 力のつり合い

"つり合っている" ってどういうこと?

　　　　　　止まっている物体を押すと、物体が動いたりつぶれたりします。物体を動かしたり、変形させるものを**力**といいます。手で直接物体に力を加えれば、軽い物体なら簡単に動き出すはずです。それでは、1つの物体に2人で力を加えるとどうなるでしょうか? いつでも物体は動くのでしょうか?

Let's try
風船押し合い実験

　　風船を押すとどうなるか実験してみましょう。どのような条件のときに、動いたり、静止したりするのかを確かめましょう。

準備

- 実験道具 -
風船1個
※押したときに力が加わったことがわかるように、あまり膨らませ過ぎないようにしましょう。

実験手順

実験①

1人が風船を手のひらにのせ、もう1人がそれを押してみましょう。力を加えると風船が動くことを確かめましょう。

実験②

2人で両側から風船を押してみましょう。押す力を変えるとどうなるでしょうか? 強い力でも弱い力でも、物体が静止するのはどのような条件でしょうか?

結果

実験①で、1人で風船を押すと風船は押した力の向きに動きます。実験②では、2人で左右から風船を押し合い、押す力を調節すると風船は止まりました。いずれかの力が大きいときは大きい力の向きに風船が動きます。物体が変形していることから、力がはたらいていることがわかります。風船が静止しているときは、左右から風船を押す力の大きさは同じです。2つの力の向きが逆で大きさが同じとき、力はつり合い（打ち消し合い）、物体を動かす力がはたらいていないのと同じ状況になります。力がはたらいていても結果的に打ち消し合っている場合、物体は静止するのです。

POINT
大きさが等しい逆向きの2つの力が物体にはたらいているとき、力はつり合っているといい、静止している物体は静止したままの状態を続ける

力をベクトルで表そう

力には**向き**と**大きさ**があります。向きと大きさを持つ量をベクトルといいます。力の向きを矢印の向きで、力の大きさを矢印の長さで表します。図1は手が物体に加える力を図示したものです。手と物体の接点を**作用点**（赤丸）といい、手が物体を押す力の方向に引いた線を**作用線**（点線）といいます。手が物体に加える力のベクトルは、作用点を始点として作用線に沿って描きます。

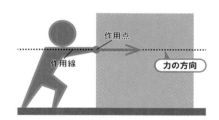
図1 物体を手で押す力を1本のベクトルで表す。

図2 片方から押したとき、物体は押したほうに動く。

実験①で風船を左から押した力は、図2のように風船に右向きの力としてはたらくので、風船は右に動きます。実験②で風船を左右から押した力は、図3のように風船に左向きの力と右向きの力としてはたらきます。いくつかの力を合わせてできる1つの力を**合力**といいます。両側から同じ大きさの力で押すと、物体が受ける力は逆向きで同じ大きさなので物体にはたらく合力はゼロになり物体は動きません。左右の力が打ち消し合っているのは、左右の力が同じ作用線上にあるからです。逆向きで同じ大きさの力でも左右の力が同一直線上にない場合は、物体が回転してしまいます。

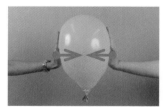
図3 変形した風船に力がはたらいているが、合力はゼロで動かない。

ここでは物体を水平方向で押し合って物体が静止する条件を考えました。次に、机の上で静止している物体にはたらく鉛直方向の力のつり合いはどうなっているのか考えてみましょう。

重力

図4 ボールをはなすと、重力のはたらいている下方向へ動く。

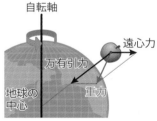

図5 重力と手で支える力がつり合っているためボールは落ちない。

物体を持ち上げて手をはなしてみましょう。物体は下に落ちます（図4）。なぜ物体は下に落ちるのでしょうか？これは物体に地球からの力が鉛直下向きにはたらいているからです。この力を **重力** と呼びます。それでは、手をはなさなければ、なぜ物体は落ちないのでしょうか？これは物体を手で支える力と重力がつり合い、物体にはたらく力が打ち消し合ってゼロになり、静止しているのです（図5）。

地球上では質量のある物体すべてに重力がはたらきます（図6）。物体が重力だけを受けて落下するとき、物体の質量によらずに一定の加速度で落下します。この加速度を **重力加速度** といいます。物体にはたらく重力の大きさは物体の **質量** と重力加速度の大きさの積で表されます。この重力の大きさを **重さ** といい、重さを重力加速度の大きさで割ったものが質量です。

POINT

重力の大きさ ＝ 物体の質量 × 重力加速度の大きさ

質量1kgの物体にはたらく重力の大きさを1重量キログラム、キログラムウェイト（1kgw）と表し、kg重（キログラムじゅう）と呼ぶこともあります。kgwは力の単位です。通常の体重計で測っているのは重力の大きさで、質量に換算した値が表示されます。

垂直抗力

物体を机に置いてみましょう。落下せずに静止しているのはなぜでしょう？これは、物体が重力で落下しないように、机が上向きの力で支えているのです（図7）。物体が静止しているので、机からの上向きの力の大きさは、物体にはたらく重力の大きさと同じです。このように、机が物体を押し返す力を **垂直抗力** といいます。人が床の上で立っていられるのも、人の質量に応じた重力と同じ大きさで逆向きの垂直抗力を床から受けているからです。あなたの質量に応じた重力と同じ強さの垂直抗力が出せない弱い床に立つとき、あなたは床を突き抜けて落ちていくでしょう。

TIPS

実は重力は合力

物体にはたらく重力は、実は地球が物体を引く万有引力と、地球の自転による遠心力の合力です。そのため重力の向きは厳密には地球の中心の向きからわずかにずれます。遠心力は非常に小さく通常は無視できます。遠心力は回転半径が大きいほど強くなるので、重力の大きさは赤道に近くなるほど小さくなります。

図6 地上の物体にはいつでも重力がかかっている。

図7 机の上では重力と机からの垂直抗力がつり合い、物体は動かない。

力の合成と分解

物体を2人で支える場合を考えてみましょう。2人で物体を持ち上げるとき、自分よりも背の高い人と低い人では、どちらとペアを組んで持ち上げれば楽に持ち上げられるでしょうか?

Let's discuss! 持ち上げ実験：どっちが軽いかな？

下図のように真ん中に置いた荷物を2人で持って運ぶとき、どちらが軽いでしょうか?直感や経験を基にしたり、今まで学んだ知識を使って考えてみましょう。

❶ 背の高い人と低い人の2人で荷物を持つとき、どちらが軽いでしょうか?

❷ 2人で離れて持つ場合と近づいて持つ場合、どちらが軽いでしょうか?

■ Skit!

 身近な例や経験を思い出してみましょう。❶で、軽くなるのは背の高い人が低い人かどちらでしょう?それは何故そのように考えましたか?

背が低い方が荷物に近いから重くなりそうだけど・・・?

2人で持つのだから、同じ重さに分配されるのではないかな?

子どもの時、お母さんと買い物に行って荷物を一緒に持ってもあまり重くなかったわ。

背が高い人と背が低い人への力の分配はどのように決まるんだろう?

 2人で重いジュースなどを持つときなるべく楽に持ちたいですね。楽なのは近づく方か離れる方かどちらでしょうか?それは何故でしょうか?

2人で近づいて持つと、暑苦しくて重そうだからな・・・

❶の場合はお母さんと子どもでは子どもの方が楽そうだから、子どもみたいに手を伸ばして持った方が軽くて楽なんじゃないかな?

離れて持つときと近づいて持つときでは、ひもの角度が違う形ですね。

2人がうんと近づいて持つと1人で持っているのと同じひもの形になるけど、それを2人で持ったら半分の力になるんじゃないかな?

 どのような予想が出たでしょうか?それでは、実験して確かめましょう。そしてその理由を考えましょう。

🔍 Let's try 持ち上げ実験：力の分解を体感しよう！

　２人でおもりを持ち上げて、どちらが軽いのか実験をして確かめましょう。背の高さの代わりに椅子等の台で高さを調整しましょう。ひもの力の向きがはっきりと見えるように、おもりにひもを取り付けましょう。

準備

- 実験道具 -
ひも、
（荷造り用　2m 程度）
2L ペットボトル２本、
ビニールテープ

① 水を満タンにしたペットボトル２本をビニールテープで上下２か所を固定する。（水は撮影用に白く着色してあります。）

② ペットボトルのキャップの下のくぼみを写真のようにひもで結ぶ。

③ 写真のようにひもを何重かにして持ち手を作る。

④ ③で作った持ち手を②で結んだひもの中央に結ぶ。持ちにくいときは、持ち手に小さいタオルなどを巻いてもよい。

実験手順

　２人１組になり、以下の２つの実験を行いましょう。軽く持てるのはどのような条件のときでしょうか。

実験①
１人は立ち、１人は膝立ちします。背が高い人は腕を下げて背が低い人は腕を上げるようにして持ち上げましょう（①）。どちらが軽く感じるでしょうか？確認のために、役を入れ替えて確認しましょう。

実験②
２人が持ち上げる角度が左右対称になるように持ってみましょう。肩の位置が同じくらいのペアで実験するとよいでしょう。離れて持つ場合（②-1）と近づいて持つ場合（②-2）、どちらが軽いかを比べてみましょう。

実験のポイント！
※角度がわかりやすいように、肩から伸びる腕とひもがまっすぐになるようにする。
※実験①のような角度にするために、持つ部分のひもの長さを調節する。
※実験①では、写真と異なるいろいろな角度で実験してみよう。
※実験①では、椅子等の台を用いる見やすくなります。椅子の上に立つときは注意しましょう。

結果

　どちらが軽かったですか？実験①では、背が低い役のときの方が軽く感じました。②では、２人が近づいて持った②-2の方が軽く感じました。なぜこのような結果になったのでしょうか？

　その理由を理解するために、力の合成と分解のルールを確認しましょう。これはベクトルの合成と分解に対応します。

ベクトルの合成と分解

ベクトルの合成

　ベクトルの合成とは、ベクトルの足し算です。簡単な作図で行うことができます。次の2通りの方法があり、どちらも同じ結果を得ます。

三角形の斜辺の方法

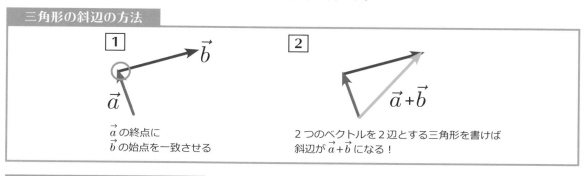

①
$\vec{a}$ の終点に
$\vec{b}$ の始点を一致させる

②
2つのベクトルを2辺とする三角形を書けば
斜辺が $\vec{a}+\vec{b}$ になる！

平行四辺形の対角線の方法

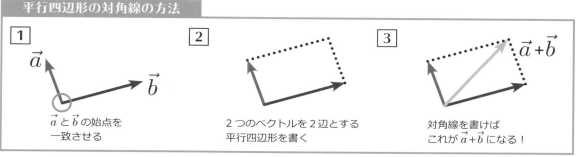

①
$\vec{a}$ と $\vec{b}$ の始点を
一致させる

②
2つのベクトルを2辺とする
平行四辺形を書く

③
対角線を書けば
これが $\vec{a}+\vec{b}$ になる！

ベクトルの分解

　ベクトルの分解とは、1つのベクトルをいくつかのベクトルに分けることです。ここでは1つのベクトルを与えられた2つの方向に分解します。ベクトルの合成の平行四辺形の対角線の方法を、逆の順に行います。

平行四辺形の対角線の方法（分解）

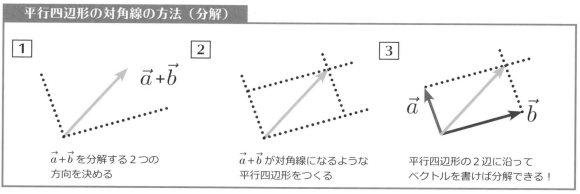

①
$\vec{a}+\vec{b}$ を分解する2つの
方向を決める

②
$\vec{a}+\vec{b}$ が対角線になるような
平行四辺形をつくる

③
平行四辺形の2辺に沿って
ベクトルを書けば分解できる！

ベクトルの分解は、いろいろな方向に何本ものベクトルに分けることもできます。

スカラー量　ベクトル量 **検索** この章で扱っている力は「ベクトル量」と呼ばれる物理量です。この他に「スカラー量」と呼ばれるものが存在します。どんなものでしょうか？インターネットを用いて調べてみましょう。

解説

　このベクトルの分解を、持ち上げ実験に応用して考えてみましょう。図8のおもりが静止しているということは、おもりにはたらく重力（橙色ベクトル）と、2人でおもりを支える力の合力（青ベクトル）がつり合っているということです。おもりを支える力は、2つの力に分解することができます。（図9）。分解された力を **分力** といいます。分解される力の方向はひもの方向です。そこで平行四辺形の対角線の方法を使って、2つのひもの方向に、おもりを支える力を分解してみましょう（緑ベクトルと赤ベクトル）。

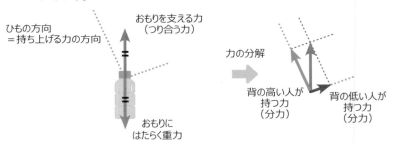

図8　おもりにはたらく力　　　　図9　おもりを支える力の分解

　実験①の2人の力は図10のようになります。背の高い人の力のベクトルの方が低い人の力のベクトルよりも長くなります。つまり、背の高い人の方が大きな力が必要となり、低い人の方が軽くなります。逆に背が低い人が重くなるのは、低い人が腕を下げた場合です。作図をすると気づくように、背の高い人と低い人の力の関係は、角度だけが問題なのです。

　実験②に応用すると図11と図12のようになります。2人が離れた場合と近づいた場合というのは分解する角度が大きい場合と小さい場合に対応しています。近づいた場合のベクトルの方が短くなっていることがわかります。つまり、2人で1つのおもりを持ち上げるときは近づいて持ち上げた方が軽く持つことができるということです。

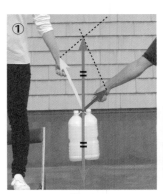

図10
実験①おもりにはたらく力の関係
黄ベクトルが赤ベクトルより長い

図11
実験②で離れて持ったときの力の関係
黄と赤ベクトルは②-2よりも長い

図12
実験②で近づいたときの力の関係
黄と赤ベクトルは②-1よりも短い。

Exercise 力のつり合いと分解

Q1

2人が同じ角度になるように持ち上げたとき、2人で持つ方が1人で持つよりも重くなってしまうのは、分解される2つのベクトルのなす角度（右図の？の角度）が何度より大きいときでしょうか？

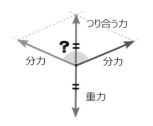

A1

2人が同じ角度で持ち上げる場合、分解される力は左右対称となり、ベクトルの分解で用いた平行四辺形はひし形になります。ひし形の縦の対角線の長さが、1人で持ち上げるときの力の大きさです。実験②-1で離れて持つ場合は、分解される2つのベクトルのなす角度が大きくなり、横長のひし形になります。角度が大きくなるほど大きな力が必要となります。実験②-2で近づいて持つ場合は、この角度が小さくなり縦長のひし形になります。この角度が0°になると、分解される力の大きさは1人で持ち上げる力の大きさの半分になります。2人で持ち上げる力が1人で持ち上げる力と等しくなるのは、縦の対角線の長さとひし形の4辺の長さが等しいときで、左右それぞれが正三角形となるときです。このときの角度は120°です。

Q2

2本のひもでおもりを右図のようにつるしたとき、2本のひもにかかる力はどちらの方が大きいでしょうか？ひもの長さは左側が3m、右側が4m、ひもがつるされている位置の間隔が5mで、おもりは10kgだとします。

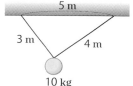

A2

おもりを持ち上げる力の分解は、持ち上げ実験と全く同じです。右図のように、力の分解は分解する方向だけで分力の大きさが決まります。鉛直方向からの角度が小さい左のひもの力の方が、大きくなります。

左右のひもを2辺として、ひもの間の辺が作る三角形は、辺の長さが3：4：5の直角三角形になっています。力を分解してできた赤矢印と緑矢印と青矢印も3：4：5の直角三角形になっていることがわかります。このときの力の大きさは、赤矢印:緑矢印:青矢印がそれぞれ6kg:8kg:10kgです。つまり、左のひもには8kgの重さがかかり、右のひもには6kgの重さしかかかっていないので、角度が小さい左のひもに大きい力がかかっていることがわかります。

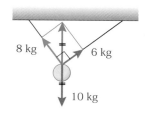

Column アーチ構造はなぜ強い？

右の写真の「なでするぶつり」の積み木はアーチの形で静止しています。左右に分解された積み木の重力が、積み木と台の抗力でつり合っています。古代ローマの遺跡には、アーチ形をしている石橋やコロッセオ、水道橋など2000年の時を越えて数多く現存しています。これはアーチ形に秘密があります。

アーチ橋は加わった上からの力（赤矢印）が左右斜めに分解され（黄矢印）、左右の横成分が発生します。持ち上げ実験の力の分解を思い出すと、おもりを持ち上げているひもの形がアーチ形に対応し、おもりの重さが赤矢印でその分力が2本の黄矢印です。黄矢印はそれぞれ水平方向と鉛直方向に分解されます。アーチ形を保つためには、水平方向の力（橙矢印）を打ち消すための力が必要になります。鉛直方向の力は土台の垂直抗力が支えます。このように力を分散させることによってアーチの形は崩れにくくなります。

人体 アーチ 　検索 　人体の中でもアーチ構造をしている部分があります。どこでしょうか？またどんな役割をしているでしょうか？インターネットを用いて調べてみましょう。

1-2 トルクのつり合い

回転を引き起こすトルク

　　　　大きさのある物体の運動には、平行移動と回転運動の2種類があります。前節で、物体が平行移動せずに静止する条件は、物体にかかる力の合力がゼロであることがわかりました。この節では、大きさのある物体が回転せずに静止する条件とはどのようなものかを考えていきましょう。

Let's try
割りばし・クリップ実験：トルクを体感しよう！

　　割りばしにクリップをつけて、親指と人差し指でつまんで水平になるように持ってみましょう。クリップだけの重さと比べると、割りばしにつけたときの重さはどう感じるでしょうか？

準備

- 実験道具 -
割りばし1本、
同じ重さの
クリップ2個

次の点に注目して実験しよう！
※指の力を抜いたり弱めたりすると、クリップのついた割りばしはどうなるでしょうか？
※割りばしを水平に保つようなクリップと指の距離、クリップの重さ、指の力の関係を考えながら実験しましょう。

実験手順

実験①

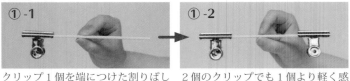

① -1　クリップ1個を端につけた割りばしが水平になるように指でつまむ。

① -2　2個のクリップでも1個より軽く感じる場所があるか探しましょう。

実験②

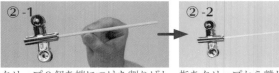

② -1　クリップ2個を端につけた割りばしが水平になるように指でつまむ。

② -2　指をクリップから離していくと指で感じる重さはどうなるでしょうか。

結果

　実験①で、割りばしの端にクリップをつけて水平に保つようにすると、クリップだけの重さより重く感じました。指の力を弱めると割りばしを水平に保てなくなり、指で支えている位置を中心として割りばしが回転しました。2個のクリップを両端につけて中央を持つと、回転することなく1個だけをつけた① -1より軽く感じました。また②で、指とクリップの距離を長くしていくと、重くなるのが感じられました。この理由を理解するために、物体が回転する条件を考えてみましょう。

トルク

　大きさのある物体の運動には、平行移動だけではなく、ある点のまわりに回転する運動があります（図13左）。回転を引き起こす量を**トルク（力のモーメント）**といいます。重さの無視できる棒にはたらくトルクの大きさは、**力点**（力のかかっている点）にかかる力の大きさと、**支点**（回転中心）から力点までの距離の積です。このとき、トルクを与えるのは**棒に垂直な力の成分のみ**（図14）です。

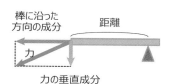

図14　棒に斜めに力がはたらく場合、トルクを与えるのは分解された力のうち垂直成分のみです。

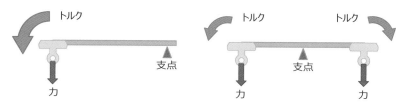

図13　実験①のトルクのつり合い

> **POINT**
>
> **トルク ＝ 力の垂直成分の大きさ × 支点から力点までの距離**

　トルクがつり合っていないと物体は回転します。物体が回転せずに静止するためには、**トルクがつり合う**ことが必要です。2個のクリップを両端につけた割りばしの中央を持つとトルクがつり合い、クリップの重さだけを支えればよいため軽く感じるのです（図13右）。クリップと指の距離が大きくなるとトルクが大きくなります（図15）。

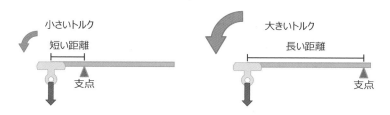

図15　実験②　支点からクリップまでの距離とトルクの大きさ

クリップのついた割りばしを指で支えて水平に保っているとき、トルクはつり合っています。図16左のように親指を支点として、人差し指で押し下げてクリップによるトルクと逆向きのトルクを与えています。親指と人差し指の距離はクリップと親指の距離に比べてととても小さいので、トルクをつり合わせるために人差し指の大きな力が必要になるのです。物体が静止しているので、物体にはたらく上下の力もつり合っています。クリップの重さと人差し指の大きな力の和とつり合うように、親指の上向きの力は大きくなります。図16右（実験①-2）ではトルクがつり合っているので、人差し指を割りばしからはなしても割りばしは回転しません。親指には2個のクリップの重さを支える以外の力がないことが、中央を持つと軽く感じた理由です。

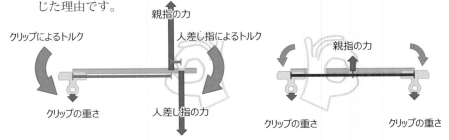

図16　割りばしとクリップのトルクのつり合い

てこの原理

てこというのは紀元前から知られている重いものを簡単に持ち上げるための道具です。構造はいたってシンプルで、図17のように長い棒の1点を動かないように固定して、棒の端にものを置くだけです。もう片方の棒の端を押すと重いものを持ち上げることができます。このとき、棒を支えている点を **支点**、力をかけて押す点を **力点**、ものを持ち上げる点を **作用点** と呼びます。支点から力点までの距離を長くすれば、小さな力でも"てこ"を使って重いものを持ち上げることができます。これを **てこの原理** と呼びます。

てこの原理をトルクで説明してみましょう。図17の力点を押す力はてこを時計回りに回転させるトルクを与えます。また、おもりは反時計まわりのトルクを与えます。押す力を大きくする、あるいは力点と支点の距離を長くすると、時計回りのトルクが大きくなり、おもりが持ち上がります。

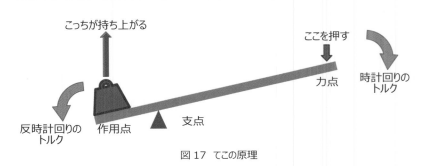

図17　てこの原理

トルクのつり合いと重心

　大きさのある物体が回転せずに静止している場合、物体にはたらくトルクはつり合っています。物体が静止しているので、物体にはたらく鉛直方向の力もつり合っています。トルクと力のつり合いを計算してみましょう。

Exercise
さるカニ・シーソー

Q

　シーソーにさるとカニが乗って遊んでいます。シーソーの重さは無視できるとして以下の問題について考えてみましょう。さるとカニの重さはそれぞれ A、B で、シーソーの支点からそれぞれまでの距離を x、y とします。シーソーが水平のとき、次の❶～❹について、A、B、x、y を用いて示しましょう。

❶ さるの重さによる反時計回りのトルクの大きさ

❷ カニの重さによる時計回りのトルクの大きさ

❸ シーソーが水平になる条件

❹ 支点にはたらく上向きの力の大きさ

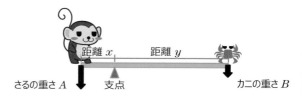
距離 x　距離 y
さるの重さ A　支点　カニの重さ B

A

　シーソーを傾かせる、つまり回転させる物理量はトルクです。

トルク ＝ おもりの重さ × 支点からおもりまでの距離

おもりの重さとは、正確にはシーソーの板に垂直方向にかかる力のことです。シーソーの板が水平の場合に重さとなります。
❶ さるによる反時計回りのトルクの大きさは Ax です。
❷ カニによる時計回りのトルクの大きさは By です。
❸ シーソーが水平になるのは、どちらにも傾かないということです。2つのトルクが逆向きでその大きさが等しく、トルクがつり合っているという条件になります。

支点まわりのトルクのつり合いの条件　$Ax = By$

さるの方に傾くということは、反時計回りに回転するということで、さるのトルクがカニのトルクより大きく、$Ax > By$ と表せます。カニの方に傾く、つまり時計回りに回転するのは、さるのトルクがカニのトルクより小さく、$Ax < By$ と表せます。
❹ シーソーにはたらく下向きの力はさるとカニの重さです。上向きの力は垂直抗力で、シーソーの支点にはたらいています。力のつり合いより支点にはたらく力の大きさは

支点で支えている重さ ＝ さるの重さ ＋ カニの重さ

つまり、

支点で支えている重さ ＝ $A + B$

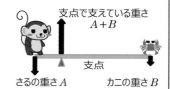
支点で支えている重さ
$A+B$
支点
さるの重さ A　カニの重さ B

となります。

てこ　種類　**検索**　てこの支点、力点、作用点の位置関係によって、3種類のてこがあります。3種類のてことはどのようなものでしょうか？それらはどのようなところに応用されているでしょうか？

1-2 トルクのつり合い

重力によるトルクがつり合う 1 点が重心です。下敷きや本を指 1 本で支えようとしたことはありませんか？

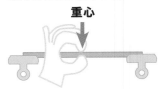

物体の重心

　第 2 節始めの写真に写っている竹のトンボ。このトンボの「あご」の 1 点がトンボを支えています。トンボは傾きもせず静止しているので、「あご」のまわりのトルクがつり合っています。このような重力によるトルクがつり合う 1 点を、物体の **重心** といいます。クリップ 2 個が両端についた割りばしや、さるカニ・シーソーを 1 つの物体とみなしたとき、トルクがつり合うときの支点がそれぞれの重心です。

> ⊙ **POINT**
> **重心**
> **変形しない物体を、回転することなく1点で支えられる点**
> **重心はその物体の重さが集まったと考えられる点**

　どのような物体にも、必ず 1 つだけ重心が存在します。その 1 点で重さを支えれば、トルクはつり合い物体は回転せずに静止します。また、重心は物体の中にあるとは限らず、物体の外に存在する事もあります。

> **Let's discuss!**
> # 重心はどこだろう？
>
> 　下図のようないろいろな形の板の重心はどこにあるのでしょうか？
> ❶ これらの板の重心を、指などでみつけるにはどうしたらよいでしょうか？
> 　実際にノートや定規などの重心をみつけながら考えましょう。
> ❷ これらの板の重心を、糸で吊るしてみつけるにはどうしたらよいでしょうか？これらの板を糸で吊るして静止
> 　させた場合、糸がまっすぐ伸びる方向（鉛直方向）の線と重心にはどのような関係があるでしょうか？
>
>

　|解説|

　物体の重さが重心の 1 点に集まっていると考えられるので、指 1 本で物体を支えられる点を探せばそこが重心です。物体を糸で吊るすと、糸は重さの集まっている重心に引っ張られます。つまり糸の延長線上に重心があるので、糸が延びる鉛直方向の線を **重心線** といいます。物体のある 1 点を糸で吊るして得た重心線と、別の点で吊るして得た重心線が重なった位置が重心です（図 19）。板は平面的ですが奥行きのある立体的な物体についても、2 か所以上を糸で吊るせば重心の位置を求めることができます。ドーナツの形の重心は指でみつけられませんが、2 か所を糸で吊るすと重心はドーナツの穴の中心にあることがわかります。

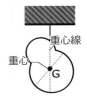 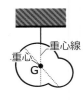

図 19　重心の求め方

人体の重心

　それでは私達の体の重心はどこでしょうか？人体の重心の位置を知っておくと、安定した動作やスポーツに応用することができます。どの部分を意識してどのような姿勢をとれば、より速く動けるのかわかります。スポーツや転倒などの経験から人体の重心はどこかを話し合ってみましょう。次に、人体の重心を求めるためにはどうすればよいのか、ここまで勉強してきたことに基づいて話し合ってみましょう。

Let's discuss!
人体の重心実験：人体の重心はどこだろう？

私達の体にも重心は存在します。普段は意識することはありませんが、私達の重心はどこにあるのか話し合いましょう。

❶　人体の重心はどの位置でしょうか？

　　a. へそよりも上　　　　　b. へそ　　　　　c. へそより下
　　d. 身長の半分よりも上　　e. 身長の半分　　f. 身長の半分より下

❷　人体の重心を、どのようにしてみつけることができるでしょうか？

❸　本当に重心の1点で人体を水平に支えることはできるでしょうか？

■ Skit!

自分の感覚やスポーツの場面などを参考にして考えてみましょう。

なんとなく頭側の方が重い感じだから、重心はへそより上かな？

定規の重心はまん中だから、人の重心も身長の半分の位置かな？

弓道でへそ下の丹田に力を入れてって教えられるから、重心はへそ下かな？

それでは次に、人体の重心をみつけるにはどのようにしたらよいのか考えてみましょう。

人の体をアヒルのおもちゃのように糸で吊るせないなぁ・・・どうしたらいいのかなぁ？

それじゃ、人をシーソーみたいにして水平になる条件をみたらどうかな？

シーソーは両側に重さがかかるけど、どうすればいいのかな？

トルクのつり合いの条件を満たしているシーソーを、水平に支えているのが重心でしたね。さるカニ・シーソーのつり合いの式を思い出してみましょう。

1-2 トルクのつり合い

Let's try　人体の重心実験：太郎君の重心を測って、支えてみよう！

太郎君の重心の位置をみつけましょう。そして、本当に人体もその1点で支えることができるのか確かめてみましょう。太郎君をのせた担架を、水平に保つように両側を持ち上げます。両側の重さを測って、足先から重心までの長さをトルクの計算から求めましょう。

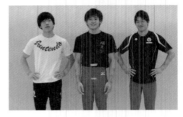

準備

- 実験道具 -
担架、体重計2個、メジャー、色テープ、バスタオル等のマット

※ 太郎君と両脇を支える2人。体重計の目盛りを読み取る係もいるとよいでしょう。
※太郎君のへそと身長の半分の位置にテープを貼り付けておきます。

実験手順

実験①　体を水平に支えるために、足側と頭側でいくらの重さがかかるのかを測ろう。

① -1

担架だけを水平になるように持ち上げて、2人の体重計の目盛りを読み取り、記録します。

① -2

太郎君をのせた担架が水平になるように持ち上げて、2人の体重計の目盛りを読み取り、記録します。

① -3

トルクのつり合いから重心の位置を求めます。頭側と足側で太郎君を支える重さは、① -2の体重計の目盛りから① -1の体重計の目盛りを引いたものです。

① -4

重心の位置を求めて、太郎君の重心にテープを貼りましょう。

実験②　人体を重心の1点で支えられるか、試してみよう。

太郎君を支える人がマットの上に横になり、太郎君の重心に足の裏を一致させましょう。始めに両手を支え、次に太郎君をゆっくりと持ち上げていきます。うまく足で支えられたでしょうか？

同じことを、重心ではない点でも行ってみましょう。重心でない位置で支えようとしたとき、太郎君は足をまっすぐに伸ばして水平な姿勢をとれるでしょうか？

結果

実験①のつり合いを図20で表します。重心（図中の黒丸●）が頭に近ければ頭側が重くなり、足側に近ければ足側が重くなっているはずです。頭側の重さを A kg、足側の重さを B kg、頭から重心までの長さを x cm、重心から足までの長さを y cm とします。トルクのつり合いは

$$Ax = By$$

太郎君の身長を L とすると、$x + y = L$ です。x を消去して y を求めると、

$$y = \frac{A}{A+B} L$$

となります。

太郎君の場合、頭側の重さは $A = 101.9 - 66.5 = 35.4$ kg でした。足側の重さは $B = 91.1 - 64.7 = 26.4$ kg でした。太郎君の身長が 170 cm で、トルクのつり合いより、$y = 97.4$ cm となりました。計算すると重心は床から身長の約 57% の位置となりました。

実験②では、本当に重心1点で体を支えられました。重心ではない点では、足をまっすぐに伸ばして水平な姿勢を取ることができませんでした。写真のように美しく太郎君を支えることができるのは、重心の1点だけでした。

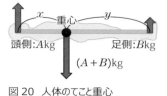

図20　人体のてこと重心

人体部位の重さの割合は、頭部・胴体・両腕で約70%、両脚で約30%（右表）なので、人体の上の方が重くなっています。標準的な西洋人の重心が足底から58%[1] とありますが、日本人学生の重心の測定結果では男女ともにほぼ54%[2] と西洋人より低めで、へそ下でした。

information 人体部位の平均的重量の割合（%）	
頭・首	8.1
胴体	49.1
腕	5.0
脚	16.1

（出典：D.A.Winter: Biomechanics and Motor Control of Human Movement, 3rd ed（Wiley, New York 2005））

[1]『人体物理学 ～動きと循環のメカニズムを探る～』Irving P. Herman 著　齋藤太朗　髙木健次　共訳
[2] 順天堂大学の物理の授業での平均値

1-3 トルクと安定性

安定性とは何だろう?

物体を少し傾けてみると、横に倒れてしまうこともあれば、倒れずにもとに戻ることもあります。倒れる場合と倒れない場合は何が違うのでしょうか?身のまわりにあるものを机の上に立てて、少し傾けた場合にどうなるか試してみましょう。

Let's try
箱実験:倒れるか倒れないか?

箱を机の上に立て、いろいろな角度に傾けてみましょう。倒れる場合と倒れずにもとに戻る場合は何が違うのでしょうか?箱にはたらく力のつり合いとトルクのつり合いはどうなっているのでしょうか?

準備

- 実験道具 -
ティッシュ箱等(重さを均等にする)、糸、画びょう、おもり(ナットやコイン)、テープ、ペン

※糸の端におもりを結びつける。
※箱に対角線を書き、その交点のあたりにテープを貼って補強してから、交点に糸をつけた画びょうをさします。

実験手順

箱を①のように縦に置いてから、箱をいろいろな角度に傾けてそっと指をはなし、どちらに倒れるか何度か繰り返し観察しましょう。倒れない条件は何でしょうか?箱にはたらく力とトルクに注目しましょう。次に箱を横に置いてから、箱がすべらないように指を添えて②~④と同じ角度で傾けてみましょう。もとに戻らず倒れやすいのは始めに実験した縦置きか、横置きかどちらでしょうか?

結果

図21は箱を正面から見た図です。②で手をはなすと①に戻り、④で手を離すと横に倒れました。③で手をはなすと一瞬静止した後、②を通って①に戻ったり（右上写真）、④を通って横に倒れたり（右下写真）しました。もとの状態を横置きにして傾けると、縦置きのときよりも大きな角度に傾けても、もとに戻りました。

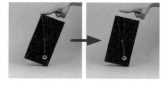
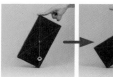

③の不安定な状態では、①の状態に戻ったり（上）、④を通って横に倒れたり（下）する。

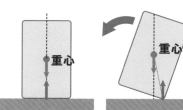
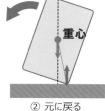

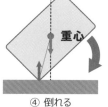

① 静止（安定）　② 元に戻る　③ 傾いたまま一瞬停止（不安定）　④ 倒れる

図21　重心は赤点、重心線は点線、重力は赤矢印、机からの垂直抗力が青矢印

箱が倒れるときと、もとに戻るときは何が違うのでしょうか？重さを支えているのは箱と机が接している部分で、①では箱の底面、②～④では箱の1辺です。②と④では、箱と机の接している部分の鉛直線上に重心がありません。すると、箱と机の接している部分を支点として、図の緑矢印の向きに回転させるトルクがはたらくのです。②の場合は重心線が支点より左を通り①に戻ります。④では重心線が支点より右を通るので倒れます。倒れるか倒れないかを決めるのに重要なのが人体の力学で用いられる**支持基底面**です。支持基底面とは物体の重さを支えている面のことです（図22）。この面を重心線が通っているときは物体は静止していることができます。図21の①は重心線が支持基底面を通っており、重力と垂直抗力が同一線上で打ち消しあっているので、静止しています。②や④では重心線が支持基底面からはずれるので、静止できないのです。

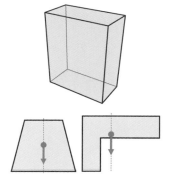

図22　箱を支える面（黄色の部分）を支持基底面という。

重心線が支持基底面を通る場合は静止（下左）、外れる場合は倒れる（下右）。

 POINT
物体の重心線が支持基底面を通れば、そのまま静止していることができる

次に、③の辺を支持基底面だとして、重心線が支持基底面を通っている①と③では何が違うか考えましょう。違いは少し傾けるとわかります。①を少し傾けてももとの状態①に戻ります。ところが③から少し傾けるともとの状態③に戻らずそのまま倒れます。少し傾けたとき、もとの状態に戻ることを安定と呼び、そうでない場合を不安定と呼びます。③は支持基底面が非常に小さく、少し傾けると重心線が支持基底面からはずれてしまうので不安定です。

1-3 トルクと安定性

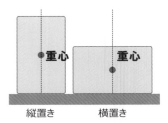

縦置き　　　横置き

不安定な状態のまま倒れません。水の量で重心の位置を調節しているのです。

箱の縦置きと横置きでは、支持基底面の大きさと重心の高さが異なります。重心の高さが等しく支持基底面が大きい物体と小さい物体では、どちらがより安定でしょうか？同じ角度だけ傾けたとき、小さい支持基底面の物体は倒れてしまっても、大きな支持基底面の物体はもとに戻ります。支持基底面が大きい方がより安定です（図23）。

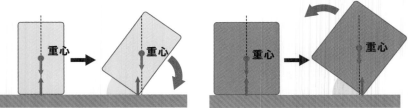

図23　支持基底面の大小と安定性
同じ角度に傾けたとき、支持基底面の小さいほうは倒れ、大きいほうはもとに戻る。

次に支持基底面が等しく重心が異なる物体の安定性を比べましょう。同じ角度に傾けたとき、重心が高い物体は倒れてしまっても、重心が低い物体はもとに戻ります。低い位置に重心がある方がより安定です（図24）。

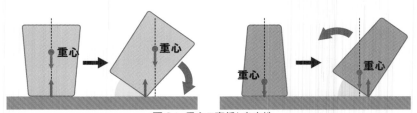

図24　重心の高低と安定性
同じ角度に傾けたとき、重心が高いほうは倒れ、低いほうはもとに戻る。

POINT
物体の支持基底面が大きく、重心が低い方がより安定である

人体の安定性を考えてみましょう。両足で取り囲む部分が支持基底面です（図25）。人体の重心線が支持基底面を通れば、倒れずに立っていられます。両足を広げた姿勢が楽なのは、支持基底面が広くより安定だからです。

図25　足を閉じたときと開いたときの支持基底面

第1章始めの写真の組体操では、下で支えている人の両足が取り囲んでいる部分が支持基底面です。2人の体操選手は倒れることなくこの姿勢を保っているので、組体操の重心線は支持基底面を通っています。

ボディメカニクス

前節では形が変わらない物体の安定性をみましたが、この節では人が姿勢を変えるときの安定性を考えましょう。看護や介護において援助される側もする側も無理な負担なくスムーズな体位の変換を行えるように、ボディメカニクス（人体の力学）を応用しましょう。

体位変換と安定性

人体の重心線が支持基底面を通るとき、安定に立っていられます。それでは、立った姿勢から前傾していくとどうなるでしょうか。まず図26のように壁に背中をつけて立ちましょう。両足の位置は動かさずに少しずつ前傾していくとどうなるでしょう。上体が傾き重心が前に移動します。重心線は前にずれて支持基底面からはずてしまいます。そのままでは前に倒れてしまうので、倒れないように自然と足が前に出ます。これは支持基底面を大きくして、重心線が支持基底面の中に入るようにしているのです。

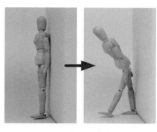

図 26　前傾と安定性

それではボディメカニクスを体位変換に応用しましょう。椅子に座っている高齢の方が転倒しないように立ち上がれるようにするには、どのような援助が必要でしょうか。

Let's try　座位から立位への体位変換

座った姿勢から、上体も足もそのままの姿勢で立てるでしょうか？次に、座っている人が転倒することなく立ち上がれるようにするには、どのような援助が必要でしょうか？

準備

- 実験道具 -
椅子 1 脚

実験のポイント！
※ 2 人 1 組になってやってみましょう。
※座位から立位への体位変換の途中の支持基底面を考慮しましょう。

実験手順

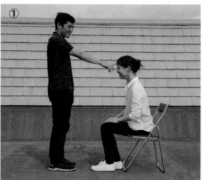

① 座る人は、両足を椅子の前に揃え背筋を伸ばしましょう。もう 1 人は、座っている人のおでこを指でそっと押さえ、座る人が前傾しないようにしましょう。さて、このまま前傾せずに立てるでしょうか？

② 次に立位への援助を考えましょう。転倒を防ぐには、常に重心線が支持基底面を通る必要があります。手や足をどのような位置に移動させれば支持基底面や重心線が動くのか、いろいろ試してみましょう。

結果

おでこを押さえられると上体を前傾できず、うまく立ち上がれません。

　手順①で足の位置を動かさず、上体を前傾させずに立ち上がるのは無理でした（左写真）。この姿勢のまま腰を椅子から浮かせると、支持基底面は両足の囲む部分だけとなり、重心線がはみ出してしまいます。重心線が支持基底面を通らないと立ち上がれません。

　手順②では、重心線と支持基底面の関係を考えました。まず足を椅子の下に押し込み、支持基底面を体の下に移動します（図27 左）。次に上体を前傾させて重心を前にずらすと重心線がその支持基底面の中に入ります（図27 右）。すると腰を椅子から浮かして立ち上がることができました。急に立ち上がって足腰に一気に負担がかかるのを防ぐために、上体を支えて立位を促すとよいでしょう。

図 27

足を椅子の奥に押し込み支持基底面を移動する。

上体を前傾し重心線を前に移動して、立位を促す。

　体位変換では安定な状態から別の安定な状態へ移行しましたが、スポーツでは不安定な状態を利用することもあります。スタートダッシュは、大きく前傾して重心線を支持基底面からはずして、素早く足を前に出します。不安定な状態を作り出して、より速く動けるようにするのです。

重心線が支持基底面の中央を通っていて安定なので、スタートダッシュできない。

重心線が支持基底面の端をかすめる程で不安定なので、スタートダッシュできる。

腰への負担

看護や介護、スポーツやトレーニングをしていると、腰を痛めることがあります。なるべく腰への負担を小さくするにはどうしたらよいでしょうか？力のつり合いと、トルクのつり合いを人体に応用してみましょう。

?!? Let's discuss! 腰への負担実験：どっちが楽かな？

日常の動作で腰に大きな負担がかかる場合もあれば、あまり負担のかからない楽な姿勢もあります。重い荷物を持ち上げる場合と、パソコン作業などをする場合について考えてみましょう。

❶ 重い荷物を持ち上げるとき、図28のどちらが楽でしょうか？

左：大きく前傾して荷物から離れて持ち上げる　　右：前傾せずに荷物に近づいて腰を落として持ち上げる

❷ 前問で腰に負担のかかる姿勢のとき、体重50 kgの人が50 kgの荷物を持ち上げると、自分の重さも含めて重さにしておよそどのくらいの負担が腰にかかるでしょうか？

① 100 kg　② 200 kg　③ 300 kg　④ 400 kg　⑤ 500 kg

❸ 図29左のような姿勢でパソコン作業等をすると、図29右の姿勢と比べて、重さにして何倍の負担が腰にかかるでしょうか？

① 0.1倍　② 1倍　③ 2倍　④ 3倍　⑤ 6倍

図28 荷物を持ち上げる姿勢

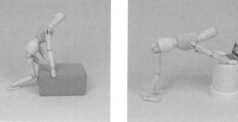 

図29 作業をするときの姿勢

解説

人が前傾すると腰を中心に前に回転するので、図30のようなてこを用いて考えてみましょう。腰をてこの支点とします。上体の重さが作用して回転し、背筋（脊椎起立筋）の力で引き上げると考えます。背の上部と下部についた背筋が収縮して上体を引き上げるので、力点は図30のように背の上部とします。上体の重さによるトルク（紫カーブ矢印）と、背筋の力によるトルク（青カーブ矢印）がつり合えば上体は回転しません。

次に、力のつり合いを考えましょう。上体の重さと背筋の力だけではつり合いません。前傾姿勢を保てるのは、腰から頭に向かう方向の力がはたらいているからです。背筋の大きな力とつり合うために、腰には背筋以上の大きな力がかかっています。これが、腰にかかる負担の正体です！

それでは、おもりとゴムを取り付けた棒を図30のような前傾姿勢のてこと見立てて、腰への負担を体感しましょう。

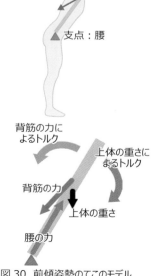

力点：背筋

支点：腰

背筋の力によるトルク

上体の重さによるトルク

背筋の力

上体の重さ

腰の力

図30 前傾姿勢のてこのモデル

Let's try
腰への負担実験：背筋と腰にかかる力を実感しよう！

　棒におもりを付けて傾け、背筋役の人がゴムを引っ張り上げ、腰役の人が棒の端を支えましょう。おもりの重さは棒の端にかかるとして、棒を傾けたときに背筋と腰にかかる力を体感しましょう。

準備

- 実験道具 -
棒（70cm 程）、ペットボトル、椅子、太いゴムバンド（トレーニング用チューブなど）、ホース留め、S 字フック、結束バンド、分度器、椅子

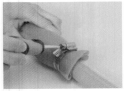

棒の $\frac{2}{3}$ の位置に、ゴムバンドをホース留めでしっかり固定する。

棒の端に結束バンドと S 字フックでおもりがつくようにする。

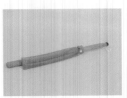

棒は胴体、ゴムバンドが背筋、おもりが上体の重さ、もう一端が腰に対応します。

背筋

腰

背筋ゴムによるトルク　　　おもりによるトルク

背筋ゴムの力

θ

腰の力

おもりにはたらく力

実験手順

　腰役の人は、椅子に座り棒の端を手で支えます。背筋役の人は、棒がおもりで回転しないように背筋ゴムを引きます。このとき背筋を引く向きは、棒に沿って約 12°になるように分度器で確認しましょう。上体の前傾角度を鉛直方向からの角度 θ として、①直立（θ=0°）、②丁寧なおじぎ（θ=45°）、③直角（θ=90°）の前傾姿勢で実験しましょう。これらの角度を保つようにするときの、背筋と腰にかかる力の向きと大きさを比べましょう。

直立姿勢（θ=0°）

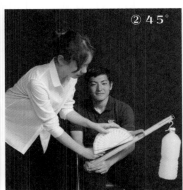

丁寧なおじぎ（θ=45°）

直角（θ=90°）

※この他にもいろいろな角度で実験したり、おもりの重さを大きくするとどうなるか実験してみましょう。
※背筋の力の向き約 12°は目安の値です。

結果

①の直立姿勢（0°）のとき、背筋ゴムを引かなくても姿勢は保てるので、腰に対応する棒の端にはおもりの重さだけがはたらいています。②の丁寧なおじぎ（45°）にすると、棒の端をしっかり支えないと棒が背筋のゴムで引っ張られてしまいます。腰の力は右図の赤矢印の向きでとても大きいものでした。③の直角（90°）にすると、ゴムに引っ張られる棒ごと真横に飛ばされそうになりました。このゴムの力を打ち消すために、腰には横向きの非常に大きな力がかかりました。

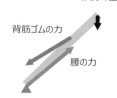

おもりの重さ
背筋ゴムの力
腰の力

大きな負担

解説

前傾姿勢の角度が大きくなるほど、腰への負担がとても大きくなることを体感しました。右図のような姿勢は負担が大きくなるので、Let's discuss の❶の答えは「右：前傾せずに腰を落とす方」が楽となります。

いろいろな角度で荷物を持った場合の背筋と腰への負担は、図 31 のグラフのようになります。体重 50 kg の人が直立しているとき、腰にかかるのは約 25 kg です。直角に前傾するとその 6 倍の 150 kg もの重さが背筋と腰にかかります。その姿勢で 50 kg の荷物を持ち上げると、上半身の重さも含めて 525 kg もの重さが背筋と腰にかかってしまいます。Let's discuss の❷の答えは⑤ 500 kg、❸の答えは⑤ 6 倍となります。ですから、看護や介護、柔道の背負い投げや重量挙げなどのスポーツのとき、前傾姿勢のままで重い物を持ち上げないように気を付けましょう。

図 31 は、いろいろな角度の前傾姿勢におけるトルクのつり合いと力のつり合いの関係式を解いた結果です。角度と三角関数のルールを確認しましょう。

information
前傾姿勢で腰にかかる力

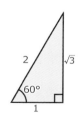

紫：腰にかかる力
青：背筋にかかる力
荷物 50 kg
荷物 10 kg
荷物無し

図 31 体重 50 kg の人の前傾姿勢における背筋と腰の負担

角度と三角関数

直角三角形の 3 つの辺の長さ（図 32 左）には、三平方の定理（ピタゴラスの定理）$a^2+b^2=c^2$ の関係があります。図 32 右の直角三角形において直角と向かい合う辺の長さを a とします。角 θ の向かい合う辺の長さは $a \sin \theta$、残りの辺の長さは $a \cos \theta$ となります。三角関数の関係式、

$$(\sin \theta)^2 + (\cos \theta)^2 = 1$$

より三平方の定理が成り立ちます。特に $\theta = 60°$、$45°$、$12°$ の場合の 3 辺の長さの比は右図の通りです。

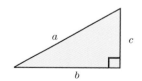

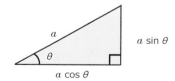

図 32 直角三角形の角度と辺の長さ

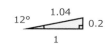

Column 直角に前傾したときの背筋と腰への負担

前傾した場合の背筋の力と腰の力の図 31 のグラフは、次のような上体のてこを考えて求められます。
・胴体の重さは、てこの半分の位置にかかる。
・背筋の力は、てこの $\frac{2}{3}$ の位置を 12°斜め後ろに引っ張る。
・頭と両腕（荷物）はてこの端にかかる。
体重を W として、背筋の力を R、腰にかかる力を F としましょう。
上体のてこの長さを L、胴体の重さは $0.5W$、頭と両腕の重さを $0.15W$ とします。

直角に前傾した場合のトルクのつり合いと力のつり合いの式は次のようになります。

・トルクのつり合い

$$0.15W \times L + 0.5W \times \frac{L}{2} = R \sin 12° \times \frac{2}{3}L$$

・力のつり合い

$$x \text{方向}: R \cos 12° = F_x$$
$$y \text{方向}: 0.15W + 0.5W = R \sin 12° + F_y$$

この連立方程式を解くと、$R=3W$, $F_x=3W$, $F_y=0.05W$ となります。三平方の定理より $F_x{}^2 + F_y{}^2 = F^2$ なので、近似的に $F=3W$ となります。腰の力の向きはほぼ水平方向となり、背筋の力と打ち消し合うようになっています。

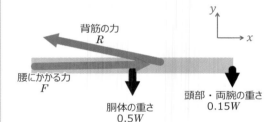

背筋の力 R
腰にかかる力 F
胴体の重さ $0.5W$
頭部・両腕の重さ $0.15W$

このようにトルクのつり合いと力のつり合いの連立方程式をいろいろな前傾姿勢について解くと、図 31 の結果が得られます。前傾していくと腰にかかる負担が大きくなることがわかります。

Exercise 人体のトルクと力のつり合い

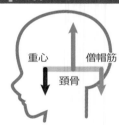

重心　僧帽筋
頚骨

Q

左図のように、頭を支えているのが首の骨（頚骨^{けいこつ}）で、頭の重心は首の骨より前にあり、頭の後ろの筋肉（僧帽筋）が頭を引っ張っています。頭の重さを 5 kgw、首の骨から頭の重心までの長さと首の骨から筋肉までの長さはともに 5 cm だとすると、筋肉にかかる力の大きさ x と、骨にかかる力の大きさ y はいくらでしょうか？ p.4 で学んだように、重さの単位は kgw です。

A

頚骨を支点とするてこを考えましょう。トルクのつり合いから筋力が求まります。

$$5 \times 5 = x \times 5 \Rightarrow x = 5$$

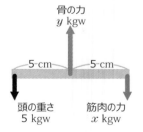

骨の力 y kgw
5 cm　5 cm
頭の重さ 5 kgw　筋肉の力 x kgw

筋肉にかかる力は 5 kgw の重さとなります。　力のつり合いから、骨にかかる力が求まります。下向き の力は $5+x$、上向きの力は y で、これらがつり合っています。

$$5 + x = y \Rightarrow y = 10$$

首の骨にかかる力は 10 kgw の重さとなります。うっかり居眠りをして僧帽筋の力が緩むと、頭は 前にこっくりと回転してしまうのです。

1

次の2つの力のベクトルの合力を作図せよ。

1)

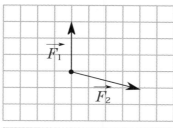

2)

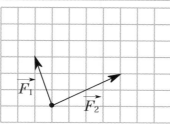

2

次の2つの力のベクトルの合力とつり合う力を作図せよ。

1)

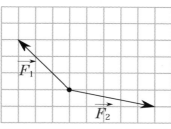

2)

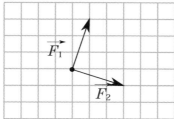

3

次の力のベクトルを破線方向に分解し、分力を作図せよ。

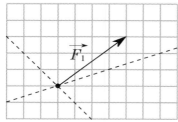

4

重さの無視できる棒を考え、トルクがつり合うように支点の左右におもりを吊り下げる。図中の？のおもりは何kgか。

1)

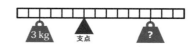

2)

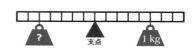

5

重さの無視できる棒に、トルクがつり合うように支点の左右におもりを吊り下げる。指定した重さのおもりをどの番号の位置に吊り下げればよいか。

1)

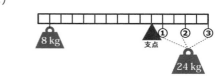

2)

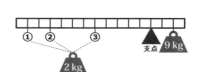

6

重さの無視できる棒に図のように2つのおもりを吊り下げた。このおもりを吊り下げた棒の重心はどこか。

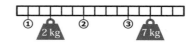

1

10 kg の荷物を 2 人で持つとき、図のように 2 人は左右対称に持ち、2 人が持ち上げる力の角度が直角のとき、1 人あたり何 kgw の力で引いているのか？

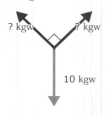

? kgw　? kgw

10 kgw

2

50 kg の石を、1 m の棒をてことして用いて水平に持ち上げた。石から 10 cm の所にてこの支点があるとして、右端にかかっている力は何 kgw となるか？このとき支点にかかっている力は何 kgw か？棒の重さは無視できるとし、石の重さは棒の左端の一点にかかっているとする。

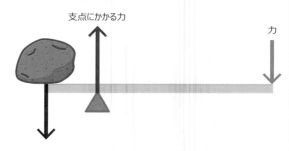

支点にかかる力　　　　力

3

図のように、重さが一様な棒が回転するように壁に取り付けられている。棒の端を棒から 30°の向きに 10 kgw の力で引くと、ちょうどトルクがつり合い棒が水平に静止した。この棒の重心にはたらく重力はいくらか？

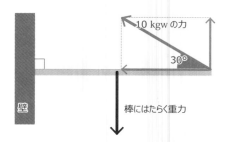

10 kgw の力

30°

壁

棒にはたらく重力

4

下図のようにおもりを片手で持つとき、腕の筋肉（上腕二頭筋）が前腕とおもりを引き上げ、肘関節が支える。前腕にはたらく重力は前腕の重心に 1 kgw はたらくとし、おもりにはたらく重力は手に 10 kgw はたらくとする。それぞれの力を表す長さを下図の通りとする。筋力の力を x kgw、肘の力を y kgw として下の問いに答えよ。

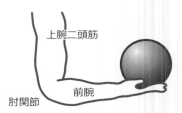

上腕二頭筋

肘関節　　前腕

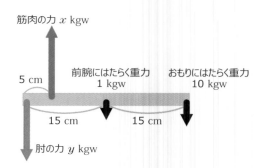

筋肉の力 x kgw

5 cm

前腕にはたらく重力　おもりにはたらく重力
1 kgw　　　　10 kgw

15 cm　　　15 cm

肘の力 y kgw

① 前腕にはたらく重力による、肘関節を支点とする時計回りのトルクの大きさはいくらか？

② おもりにはたらく重力による、肘関節を支点とする時計回りのトルクの大きさはいくらか？

③ 時計回りの 2 つのトルクの大きさの和はいくらか？

④ トルクがつり合っているとき、腕の筋肉の力の大きさ x はいくらか？

⑤力がつり合っているとき、肘にかかる力の大きさ y はいくらか？

動力学

動きを操るには

体操選手の空中回転。緑色の光の線は、選手のほぼ重心の位置—へそ下の側面の位置—に取り付けた LED ライトの軌跡です。軌跡はほぼ放物線を描いています。空中で膝を抱え込む姿勢になると重心は LED ライトの位置からずれるため、放物線から少しずれます。この章では運動の法則を学び、物体の運動を予測してみましょう。

第2章

2-1 速度と運動量

慣性の法則

カーリングのストーンが、手をはなしてもしばらく動き続けるのはなぜでしょうか？物体はどのようなときに、動きが変化するのでしょうか？

Let's try ドライアイスのカーリング：慣性の法則を体感しよう！

カーリングのストーンの代わりにドライアイスを机や廊下で滑らせましょう。

準備

- **実験道具 -**
ドライアイス、軍手
ドライアイスのブロックの場合：
古い包丁、金槌、コンロ等、
新聞紙

ドライアイスは、コンロで熱した包丁で5cm程の間隔に表裏両脇に切れ目を入れておく。

金槌で切れ目の上をそっとたたくと、切れ目に沿って割れます。

実験手順 ドライアイスを平らな所でクルクル回して、接触面を平にしておく（右写真）。それを平らな机の上や廊下などで滑らせて、どこまで動くのか、動きが変化するのはどのようなときか観察しましょう。

実験のポイント！
※ドライアイスはインターネットでも購入できます。写真は1kgです。
※ドライアイスを触るときは必ず軍手をすること。
※ドライアイスと消しゴムなどを机の上で滑らせ、滑り方の違いも観察しましょう。

結果

　平らな机では速度を落とすことなくまっすぐに動きました。直線距離の長い廊下で実験すると、10 m もまっすぐに進みました。

タイル張りの廊下でも、ドライアイスはまっすぐに 10 m も進みました。

　ドライアイスは室温で気体の二酸化炭素となり、ドライアイスと床の間に薄い層を作り摩擦が小さくなります。摩擦がなければ、ドライアイスは止まらずにまっすぐに動き続けます。

　左ページ上部の写真は、ドライアイスを机の上で左から右へ滑らせたときに一定の時間間隔で光をあてて撮った写真です。一定時間で移動した距離が等間隔になっていることがわかります。時間の経過とともに物体の位置を変化させる現象を物体の運動といい、単位時間に移動した距離を**速さ**といいます。写真のように一定の速さでまっすぐに動く運動を**等速直線運動**といいます。

　このように、動いている物体に力がはたらかなければ、物体の速さは変わりません。実際にはしばらくすると止まってしまいますが、それは摩擦による力がはたらいているからです。また、静止している物体は静止し続ける性質があります。外部から力を受けない限り物体の運動の状態が変わらないということを**慣性の法則**といいます。

POINT

慣性の法則

物体に力がはたらかないか、あるいは物体にはたらく力がつり合っていれば、静止している物体は静止し続け、運動している物体は等速直線運動を続ける

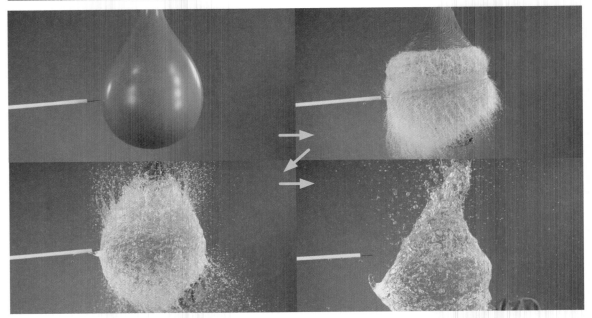

水の入った風船を針で刺したときの様子です。水は風船が割れた後もその場所で静止し続けよ
うとするので、風船の形をした水が現れます。その後、水は落下します。

積み木が飛ばされた瞬間だるまは静
止していますが、すぐに落下します。

　写真の水入り風船の水やだるま落としのだるまは、静止している物体の
慣性の法則の例です。水やだるまにはたらく重力とつり合う力がなくなっ
た瞬間、それまで静止していたものが動き始めるのです。日常生活で電車
が急発車するときや急停車するときに慣性を体感できます。急発車のとき
は体は電車が動く向きと逆向きに倒れそうになり、急停車するときは体は
電車が動いていた向きに倒れそうになります。急停車するときの現象は、
動いている物体の慣性の法則の例です。

Column ガリレオの思考実験

　ガリレオ・ガリレイ（Galileo Galilei、1564-1642）はイタリア、ピサ生まれの天文学者、物理学者です。ガリレオは
近代科学の父と呼ばれ、落体の運動、斜面の運動、振り子の等時性などたくさんの発見をしました。ガリレオ式望遠鏡
を使った業績から天文学の父とも呼ばれます。自然現象に対して思考実験という方法で仮説を検証する手法を導入しま
した。

　彼はいかに自然現象が起こるのかということを明らかにするための考察を行いました。向
かい合う斜面の上に球を静かに離すと、球は始めの高さまで上ります。それでは、片方の斜
面の傾きを緩やかにしていったらどうでしょうか。このとき、球は同じ高さまで上がります
が斜面を上る距離は増えます。このまま斜面を緩やかにして水平になると球はどこまでも同
じ速さで動くと考えられま
す。こうして、思考実験で
慣性の法則を導き出したの
です。

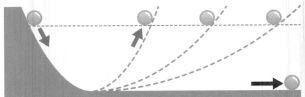

片方の斜面を緩やかにしていくと、球は水平面を無限に進む。

（作者：Justus Sustermans）
ガリレオ・ガリレイ

等速直線運動

物体が動いているとき、物体には速さがあります。物体が 1 秒間あたり何メートル動いたかという速さの単位は、メートル毎秒（m/s）です。日常よく使う時速何キロというのは、キロメートル毎時（km/h）といいます。等速直線運動では速さが一定なので次のように書けます。

 POINT

$$速さ ＝ 移動距離 ÷ 経過時間$$

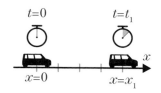

図1　x 座標

速さがゼロということは、移動距離がゼロなので物体が静止していることを意味しています。

等速直線運動では、物体の移動距離は時間と速さの積になります。

$$移動距離 ＝ 速さ × 経過時間$$

物体の位置は時間経過とともに変化します。物体の運動は、速さと位置の変化で表されます。物体の位置を図 1 のような座標で表しましょう。物体が動いて移動した距離は、位置の変化（**変位**）で与えられます。物体が動くと位置が変化するので、その時刻ごとの位置は、時刻の関数として表されます。物体が、時刻 $t = 0$ において $x = 0$ にあったとします。物体が速さ v で等速直線運動しているとき、時刻 t における物体の位置 x は次のように表されます。

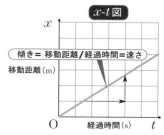

 POINT

等速直線運動

速さ：$v ＝$ 一定
位置：$x ＝ v\,t$

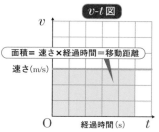

図 2　等速直線運動の
x-t 図と v-t 図

等速直線運動のときの物体の位置 x と時間 t の関係をグラフで表してみましょう。上の式で与えられるように、物体の位置 x が時間 t に比例する図 2 の x-t 図となります。グラフの傾きが速さを表します。

次に、速さと時間の関係をグラフで表しましょう。外部から力を受けていない物体の運動は速さが変わらない等速直線運動なので、図 2 v-t 図の t 軸に平行なグラフとなります。このグラフで大事なことは、色付きの長方形の部分の面積 vt が、時間 t の間に物体が移動した距離を表しているということです。

一定の速さで走っている自動車が、6.3 km 進むのに 5 分 50 秒かかった。自動車の速さは何 m/s か。それは何 km/h か。
（18 m/s = 64.8 km/h）

合成速度と相対速度

物体の運動は速さだけでなく向きを示す必要があります。速さと向きを合わせて持つ量を**速度**といい、$\vec{v}$ と書きます。速度の大きさが速さです。向きのある速度の合成はベクトルの合成のルールに従い、合成された速度を**合成速度**といいます。左図のように、動く歩道が通路から見て速度 $\vec{v}_A$ で進んでいるとします。下図の左のように動く歩道の上を同じ向きに速度 $\vec{v}_B$ で歩くと、通路から見て合成速度 $\vec{v}_A + \vec{v}_B$（赤ベクトル）で、より速く動いていくように見えます。一方、下図の右のように動く歩道の向きと逆向きに速度 $\vec{v}_C (v_C > v_A)$ で走る場合、通路から見ると $\vec{v}_A + \vec{v}_C$ の速度（赤ベクトル）で動くことになります。このとき合成した速度ベクトルが左を向いているので、通路から見ると人は左向きにゆっくり進むことがわかります。

動く歩道の速度
$\vec{v}_A$

通路

通路の人から見た様子

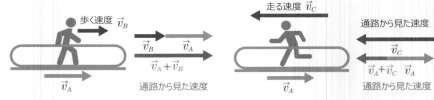

歩く速度 $\vec{v}_B$

$\vec{v}_B$ $\vec{v}_A$
$\vec{v}_A + \vec{v}_B$

通路から見た速度

走る速度 $\vec{v}_C$

通路から見た速度
$\vec{v}_C$
$\vec{v}_A + \vec{v}_C$ $\vec{v}_A$

$\vec{v}_A$

通路から見た速度

動く歩道に立っている人が通路に立っている人を見るとどうなるでしょうか。動く歩道に乗っている人から見ると、左図のように通路に立っている人は速度 $-\vec{v}_A$ で動いているように見えます。このように、運動する観測者から見た他の物体の速度を**相対速度**といいます。

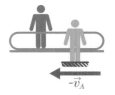

$-\vec{v}_A$

動く歩道から見た
通路にいる人の速度

動く歩道の人から見た様子

（観測者から見た物体の相対速度）＝（物体の速度）－（観測者の速度）

速度はベクトル量なので、速度の和は力と同じくベクトルの和となります。ボートで対岸に進むとき、ボートは川の流れの方向にも流されるため、実際にボートの進む方向はボートの速度と川の流れの速度の合成速度となります。

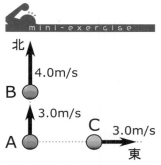

mini-exercise

北

4.0m/s

B

3.0m/s

C 3.0m/s

A

東

図のように、A は北向きに 3.0 m/s、B は北向きに 4.0 m/s 、C は東向きに 4.0 m/s の速度でそれぞれ等速直線運動をしている。
① A から見た B の相対速度の向きと大きさはいくらか。
② C から見た A の相対速度の向きと大きさはいくらか。
（①北向きに 1.0 m/s, ②北西向きに 4.2 m/s）

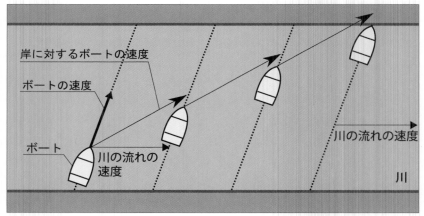

岸に対するボートの速度

ボートの速度

ボート

川の流れの速度

川の流れの速度

川

合成速度は平行四辺形の作図法から求めることができます。

運動量と運動量の保存

動いている物体には運動の勢いがあります。速くて重いボールを受ける場合と、ゆっくり動く軽いボールを受ける場合では、勢いに違いがあることがわかります。物体の運動の勢いは何によって決まり、どのように表すのでしょうか。

Let's discuss! コインの衝突実験

よくすべる摩擦のない机の上で、10円玉のようなコインを一定の速さでぶつけるとどうなるか予想してみましょう。

❶ コイン5個を机の上に並べます。
　まず1個のコインを4個並んでいるところにぶつけると何個動くでしょうか？
　2個のコインを、3個並んでいるところにぶつけると何個動くでしょうか？
　3個のコインを、2個だけ並んでいるところにぶつけると何個動くでしょうか？
　4個のコインを、1個残っているところにぶつけると何個動くでしょうか？

❷ 軽いコインを重いコインにぶつけると、それぞれどの向きに動くでしょうか？
　重いコインを軽いコインにぶつけるとどちらの向きにどのくらいの距離を動くのか、同じ重さのコイン同士をぶつけたときと比べて、衝突直後の速さを比べましょう。

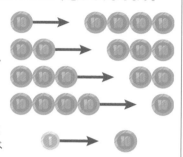

いろいろな予想が出ましたか？運動の勢いは、衝突の前後でどうなるでしょうか？実際にコインをぶつけて確かめてみましょう。机とコインの間の摩擦で衝突後のコインは止まってしまうので、衝突直後に動くコインの個数と速さに注目しましょう。

Let's try コインの衝突実験

いくつかのコインをぶつけたときに、いくつコインが飛び出すのでしょうか？何度か繰り返してみましょう。

準備

- 実験道具 -
コイン5個(10円玉)、
軽いコイン1個(1円玉)、
クッキングシート、定規

> 実験のポイント！
> ※机の摩擦を減らすために、クッキングシートをひくとよい。
> ※まっすぐぶつけられるように定規をあてるとよい。

実験手順

実験①

コインを5個並べ、1個ぶつけるといくつ飛び出すでしょうか？2個、3個ぶつけるとどうでしょう？何個かのコインを指で押さえて同時にぶつけましょう。

実験②

軽いコインを重いコインにぶつけたりその逆をすると、どうなるでしょう？コインが動いた位置の印をシートにつけて移動距離を記し、コインの重さと移動距離の関係をみてみましょう。

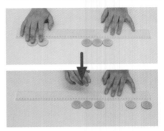

2個ぶつけたら、2個飛び出しました。

結果

コインを写真のようにしてぶつけると、実験①の結果は下図のようになりました。コインを1個ぶつけると端の1個が飛び出し、2個ぶつけると端から2個が飛び出しました。3個ぶつけると、並んでいた2個とぶつけた1個の計3個が動きました。衝突前後で動くコインの数は同じでした。

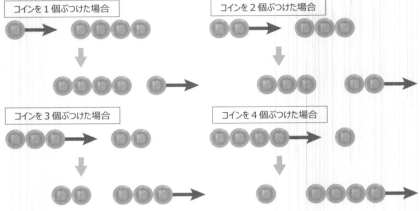

実験②では軽いコインを重いコインにぶつけると、軽いコインがはね返りました。重いコインを軽いコインにぶつけると軽いコインは遠くまで動きました。この実験を何度繰り返しても同じ結果になりました。コインの個数（質量）と速さと運動の勢いにはどのような関係があるのでしょうか。

運動量

飛んでくるボールから受ける運動の勢いを比べましょう。速さの異なるボールでは速い方が運動の勢いは大きくなります。速さの同じボーリングの球とビーチボールでは重い方が運動の勢いが大きくなります。質量と速さの積を運動の勢いを表す**運動量**といいます。

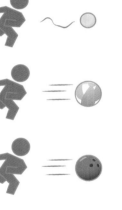

> **POINT**
>
> ### 運動量 ＝ 質量 × 速さ

実験①の結果を、動いているコインの質量と速さの積とした運動量で表しましょう。衝突前後のコインの速さが等しいとすると、衝突前後の運動量が等しくなります。

衝突前の運動量＝衝突後の運動量

> **POINT**
>
> **運動量の保存**
> いくつかの物体がたがいに力を及ぼし合うだけで、外部から力が加わらない限り、これらの物体の運動量の総和は変化しない

TIPS
力積
　物体に力がはたらくと、運動量が変化します。力がはたらいた時間と力の積を力積といいます。物体の運動量の変化は、その間に物体が受けた力積に等しくなります。物体にはたらく力を F、力がはたらいた時間を t、力がはたらく前の運動量を p_1、はたらいた後の運動量を p_2 とすると
$$Ft = p_2 - p_1$$
が成立します。

衝突の前後など時間が経過しても物理量が変化しないことを保存するといいます。1つの物体に対して、外部から力が加わらない限り運動量が変わらないという法則は、慣性の法則と同じ運動を表しています。

Exercise 粘土の衝突

Q

質量 400 g の粘土を 1 m/s の速さで質量 100 g の小球にぶつけると、衝突後は一体となって動きました。衝突後の速度はいくらでしょうか？ 運動量の保存から求めましょう。

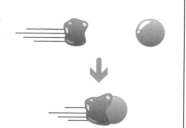

A

質量 400 g = 0.4 kg の粘土が速さ 1 m/s で動くので、衝突前の運動量は 0.4 kg m/s です。衝突後、粘土と小球が一体となり質量が 0.5 kg となりました。速さを x とすると運動量は $0.5x$ kg m/s となります。運動量の保存 $0.4 = 0.5x$ より $x = 0.8$ となります。したがって、衝突後の速度は 0.8 m/s と少し遅くなります。

Exercise 宇宙に放り出されて助かるためには？

Q

宇宙飛行士が空の空気ボンベと一緒に船外活動中に宇宙船から離れてしまいました。宇宙飛行士は離れたときのはずみで、宇宙船に対して速さ V でゆっくりと遠ざかっています。宇宙船に戻って助かる方法はあるのでしょうか？

宇宙飛行士の質量を M、ボンベの質量を N として、ボンベに速さをいくら与えれば助かるのか、運動量の保存から求めましょう。

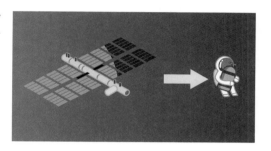

A

宇宙船から遠ざかる向きを正とします。宇宙飛行士とボンベの速度が V なので、運動量は $(M+N)V$ です。宇宙空間では外力がないのでこの運動量を変えられません。つまりボンベを持ったまま助かる方法はありません。そこで、ボンベをあきらめましょう。宇宙船から遠ざかる向きに勢いよく投げ捨てるのです。荷物を捨てた後の宇宙飛行士の速度を $-x$、ボンベの速度を y とすると、運動量の保存は次のように書けます。

$$(M + N)V = -Mx + Ny$$

宇宙飛行士が助かる条件、つまり右辺の第1項が負となる条件を求めましょう。

$$-Mx = (M + N)V - Ny < 0 \quad \Rightarrow \quad y > \frac{(M + N)V}{N} = \left(1 + \frac{M}{N}\right)V$$

ボンベを $\left(1 + \frac{M}{N}\right)V$ より大きい速さで宇宙船と逆向きに投げ捨てれば、宇宙飛行士は助かります。

2-2 加速度と自由落下

自由落下

重いものと軽いものを高い所から同時に落下させると、どちらが先に落下するでしょうか？ガリレオが落下実験を繰り返したように、考えて実験してみましょう。

Let's discuss! ガリレオ実験：どれが先に落下するかな？

ガリレオは異なる質量の球を落とす実験を繰り返しました。有名なピサの斜塔からの落下実験（右図）が実際に行われたのかは確かではありませんが、確かなことはガリレオが斜面の実験など様々な方法で物体の落下運動について研究したことです。仮説を立て、実験して証拠を集め、議論して批判を受け、また考えることを繰り返しました。

それではまず仮説を立ててみましょう。いろいろなものを同じ高さから同時にそっと手をはなして落とすと、どれが先に落下するでしょうか？

① 水平にした紙と鉛直の向きにした紙では、どちらが先に落下するでしょうか？
② 地面に鉛直の向きにした紙と水のいっぱい入ったペットボトルでは、どちらが先に落下するでしょうか？
③ 水のいっぱい入ったペットボトルと空のペットボトルでは、どちらが先に落下するでしょうか？

直感や経験をもとに、理由を考えながら予想してみましょう。

©Hulton Archive/ Getty Images
ピサの斜塔の落下実験の絵

ガリレオ　思考実験　|検索| ガリレオ・ガリレイは様々な実験を実際に行うだけでなく、仮説と思考からも物理の法則をみつけ出しました。どのような発見や発明をしたのか、インターネットで調べてみましょう。

Skit!

水入りペットボトル、空のペットボトル、紙はどれが先に落下するでしょうか？

水入りペットボトルが重いから、一番先に落下するのではないかな？

水の中では空のペットボトルは浮くから、
水入りペットボトルの方がきっと先に落下するんじゃないかな。

紙は空のペットボトルより軽いから、紙は一番後に落下するんじゃない？

地面と水平にして落とすとふわふわゆっくり舞い落ちていくよね。

重さ以外にも落とす紙の向きも関係するんじゃないかな。

それでは、ガリレオになって物体の重さと落下の関係について実験して確かめましょう。

Let's try ガリレオ実験：重いと速く落ちる？

　同じ高さからいろいろなものを同時にそっと落としてみましょう。数名で実験する場合は、どれが速く落下するかスマートフォンで撮影してみましょう。1人で実験する場合は、椅子の上に立って Let's discuss の組み合わせの2つを両手で持って同時に手をはなして比べてみましょう。

準備

- 実験道具 -
ペットボトル2本、紙2枚、新聞紙やクッション等、黒布等、水（ワックスや絵の具で色付けすると見やすい）、椅子、スマートフォン等のカメラ（連写モードやバーストモードなど）

実験手順

● 新聞紙やクッションなどを敷いておき、落下の衝撃をやわらげます。
● 1人で実験する場合、両手でそれぞれ物体を同時に落下をさせて観察しましょう。
● 数名で実験する場合、2人が暗幕の両端を持ち、別の2人は暗幕の後ろで椅子の上に立ち落下させる物体をそれぞれ持ちます。2人同時に物体を落下させ、落下の様子をカメラの連写モード（8〜15コマ/秒）で撮影しましょう。
● 落下させる物体は自由です。他にも丸めた紙や厚い雑誌など、落下の様子を比較してみましょう。

実験のポイント！
※ あらかじめ、物体を落とす2人と撮影担当者とのタイミングを練習しておきましょう。
※ 水平に紙を落とすとき、手のひらに紙を乗せてすっと手を水平方向に動かして落下させる方法もあります。
※ 垂直に紙を落とすとき、紙の中央に折り目をつけてからのばし、折り目が鉛直向きになるようにして、折り目の上端の1点をつまみ、そっと離しましょう。

結果

落下物は左から、水平向きの紙、縦向きの紙、水入りボトル、空ボトルです。

　中央の写真では、水入りボトルと、空ボトルと縦向きの紙は同時に同じ位置に落下しています。水平向きの紙だけは、ゆっくり落下しています。右の写真では、縦向きの紙と2つのボトルはほぼ同時に落下していますが、水平にした紙は大変遅くなっています。これらのことから、空気抵抗を受ける面が大きい水平向きの紙は、空気抵抗が重力に比べて無視できなくなっていることが考えられます。空気抵抗をあまり受けない物は、重くても軽くても、同じ時刻でほぼ同じ位置にあります。つまり、落下速度は物体の重さによらないことがわかりました。

解説

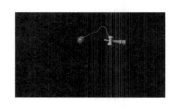

　第2節始めの写真のけん玉の落下写真。空気抵抗が重力に比べて無視できる「けん」と「玉」は同時に落下し、そうでない糸は上にたわんでいます。基本的な物体の運動の法則を見いだすためには、空気抵抗の影響を除いて単純化して考えます。実験から、空気抵抗を無視すると物体は重さによらず同じ落下速度で落下することがわかりました。そっと手をはなすというのは初速度ゼロで落下させたということです。物体が静止状態から重力だけを受けて落下する運動を**自由落下**といいます。

POINT

自由落下運動では物体の落ちる速さは物体の質量によらない

では自由落下の速さの変化はどのようになっているのでしょうか。

Let's try
自由落下実験

小球を自由落下させて、速度の変化を測定してみましょう。

準備

● 1 cm 目盛りで 2 m 程の長さのメジャーを作成する（右画像）。黒い布を張り、その上に作成したメジャーを鉛直方向に固定する。メジャーの下部におもりをつけ、鉛直方向を保つようにする。

●スマートフォンのカメラアプリでスローモーション機能を 120 コマ / 秒または 240 コマ / 秒に設定する。実験撮影後に動画を再生しコマ送りをしながら等間隔（例えば 1/20 秒間隔。120 コマ / 秒の場合 6 コマごと）にスクリーンショットとして保存する。

- 実験道具 -
直径 2 cm 程の小球、メジャー（パソコンソフトで大きめに作成する）、スマートフォン等のスローモーション撮影ができるカメラ、黒い布など

実験のポイント！
物体とそれを持つ指との接触部分を少なくし、すっとはなすと鉛直に落下する。

実験手順

時間（s）	距離（m）	速度（m/s）	加速度（m/s²）
0	a		
T	b	$(b-a) \div T = v_1$	
$2T$	c	$(c-b) \div T = v_2$	$(v_2-v_1) \div T$
$3T$	d	$(d-c) \div T = v_3$	$(v_3-v_2) \div T$
$4T$	e	$(e-d) \div T = v_4$	$(v_4-v_3) \div T$

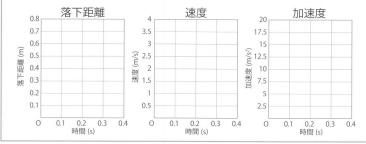

① 落下する物体とメジャーを同じ画面に撮影する。

②−1 得られた写真から時間と位置を読み取ります。時間（s）と距離（m）、速度（m/s）、加速度（m/s²）を表にする。求め方は左の表にあります。速度は距離の差を時間で割る。加速度は速度の差を時間で割る。

②−2 ②−1 で得られた表から、落下距離と時間、速度と時間、加速度と時間をグラフにする。グラフからそれぞれの関係を示す近似曲線や近似直線を描きましょう。

結果

0.05 秒ごとの落下の様子です。

TIPS

不確かさと有効数字

実験では、測定器具や目盛りの読み取りの精度の限界があるため、測定を繰り返して得られる結果はばらつきます。測定結果に付随したばらつきを表す統計的なパラメータを不確かさといいます。物理量の測定は、一般に測定器具の最小目盛りの 1/10 までを目分量で読み取ります。読み取られた数値は測定で得た意味のある数字なので有効数字といいます。

例えば、1 cm の目盛りのついたメジャーで 18.5 cm という測定値を読み取った場合、1、8、5 が有効数字で有効数字は 3 桁であるといいます。ゼロでも有効数字として意味があります。今回の測定の場合は、距離の有効数字が 3 桁、時間の有効数字は 2 桁なので、速度の有効数字は桁数を少ない方に合わせ 2 桁となるようにします。

前ページの左端の写真がそっと手をはなした瞬間です。時間経過につれて小球の落下速度が速くなり、シャッターが開いている瞬間でも落下しているため小球が上下に伸びて写っています。小球の落下距離、速度、加速度を求めて表にすると下のようになりました。

時間（s）	距離（m）	速度（m/s）	加速度（m/s^2）
0.00	0.010		
		0.6	
0.05	0.040		12.0
		1.2	
0.10	0.100		10.0
		1.7	
0.15	0.185		8.0
		2.1	
0.20	0.290		12.0
		2.7	
0.25	0.425		10.0
		3.2	
0.30	0.585		8.0
		3.6	
0.35	0.765		

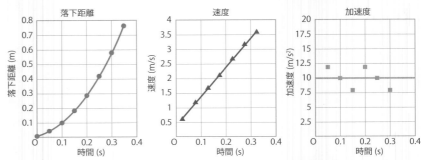

図 3 自由落下実験の距離、速度、加速度と時間のグラフ

解説

位置と時間のグラフを見ると、落下距離がどんどん大きくなっています。速度のグラフを見ると、速度が一定の割合で増加していることがわかります。単位時間当たりの速度の変化を**加速度**といいます。

POINT

$$加速度 = \frac{速度変化}{経過時間}$$

自由落下の加速度はほぼ一定となっていることがわかります。加速度が一定の運動を、**等加速度運動**といい、等加速で直線上を進む運動を**等加速度直線運動**といいます。自由落下の一定の加速度を**重力加速度**といい、その大きさを記号 g で表します。g はおおよそ次の値です。

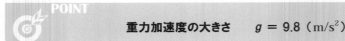

POINT

重力加速度の大きさ　　$g = 9.8$（m/s^2）

information

太陽系天体の表面重力

重力加速度の大きさはそれぞれの天体で異なる値をとります。つまり同じ物体でも他の惑星では異なる重さになるのです。重力の大きさを重力加速度で表します。

天体の名前	重力加速度（m/s^2）
地球	9.8
月	1.6
太陽	274.0
水星	3.7
金星	8.9
火星	3.7
木星	23.1
土星	9.0
天王星	8.7
海王星	11.0
冥王星	0.7

（出典：NASA 2019 を基に小数点 1 桁で近似した）

等加速度直線運動

第1節では等速直線運動を速さと時間、位置と時間のグラフで表しました。この第2節では加速度が a である等加速度直線運動をグラフで表してみましょう。そして、重力加速度測定実験で作ったグラフと比べてみましょう。

加速度 a が一定である等加速度直線運動を考えましょう（図4 a-t 図）。

$$a = 一定$$

速度 v は一定の加速度 a だけ常に加速されるので、速度 v は比例定数 a で時間 t に比例します（図4 v-t 図）。

$$v = a\,t$$

次に、等加速度直線運動における位置と時間の関係を求めましょう。話しを簡単にするために、単位時間あたりに1マス分の速度が加速される場合を考えましょう。マス目に色を付けていくと図5のようになります。単位時間を1秒として v-t 図を読み取りましょう。始めの1秒間に1マス進んだので、速度は1マス。2秒目の速度が2マスでその1秒間で2マス進んだので、進んだのは $1 + 2 = 3$ マスとなります。このように進んだマス目を並べてみると等差数列の和になっています。つまり、進んだマス目は、v-t 図の色付けされた面積になっています。この進んだマス目を縦軸に時間を横軸にしてグラフに書くと x-t 図となります。

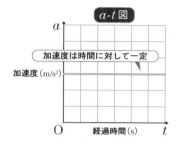

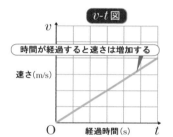

図4 等加速度直線運動の a-t 図と v-t 図

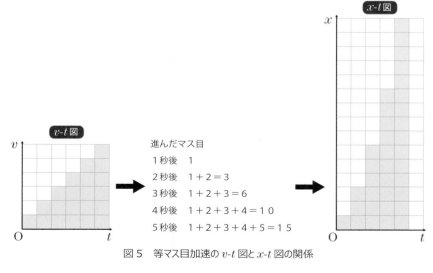

進んだマス目
1秒後　1
2秒後　$1 + 2 = 3$
3秒後　$1 + 2 + 3 = 6$
4秒後　$1 + 2 + 3 + 4 = 10$
5秒後　$1 + 2 + 3 + 4 + 5 = 15$

図5　等マス目加速の v-t 図と x-t 図の関係

mini-exercise

新幹線ひかり号は、動き出してから4分45秒後に時速200 kmに達するという。等加速度直線運動としたとき加速度の大きさは約何 m/s² か。
（0.2 m/s²）

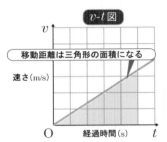

さてマス目の単位時間を限りなく小さくして、連続的にするとどうなるでしょう。図5のでこぼこな形は、図6 v-t 図のような直角三角形となります。この三角形の底辺の長さは時間 t、高さは速度 $v=at$ です。三角形の面積が移動距離なので、移動距離は次のようになります。

> **POINT**
>
> $$移動距離 = \frac{1}{2} \times 加速度 \times 時間^2$$

これは時刻 $t=0$ で物体の位置が $x=0$、初速度が $v=0$ である場合に対応しています。

$$x = \frac{1}{2} a t^2$$

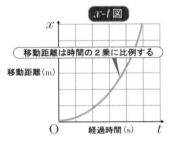

等加速度直線運動の位置と時間の関係は図6 x-t 図の放物線になります。

次に、初速度がゼロでなく v_0 である場合を考えてみましょう。速度と時間のグラフは図7で与えられるようになります。

$$v = v_0 + at$$

移動距離は、速度と時間のグラフの台形の面積として求められます。直角三角形の面積に、1辺が初速度の長方形の面積＝初速度×時間が加わります。初速度がある場合の等加速度直線運動の移動距離は、次のようになります。

$$移動距離 = 初速度 \times 時間 + \frac{1}{2}加速度 \times 時間^2$$

物体が初速度 v_0 を持つ場合の等加速度直線運動は、時刻 t における移動距離を x とし次のように表せます。

$$x = v_0 t + \frac{1}{2} a t^2$$

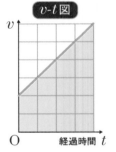

図6 等加速度直線運動の
v-t 図と x-t 図

図7 初速度のある
等加速度直線運動の v-t 図

等加速度直線運動をまとめると次のようになります。

> **POINT**
>
> **等加速度直線運動**
> 加速度　$a = $ 一定
> 速度　　$v = v_0 + a t$
> 位置　　$x = v_0 t + \frac{1}{2} a t^2$

物体は、いろいろな方向に動き、位置、速度、加速度はベクトルで表されます。物体に力がはたらいている向きには加速度が生じ、はたらいていない向きには速度が一定な運動となります。

自由落下

　自由落下の加速度の大きさは g で、向きは鉛直方向の下向きです。鉛直下向きを正にとった y 座標を用いて表すと、物体の加速度、落下速度、位置も下向きが正になります。時刻 $t = 0$ で物体の位置が $y = 0$ である自由落下の運動は次のようになります。

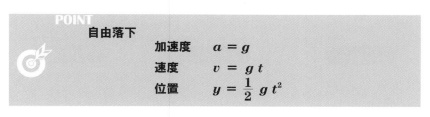

POINT

自由落下

$$加速度 \quad a = g$$
$$速度 \quad v = g t$$
$$位置 \quad y = \frac{1}{2} g t^2$$

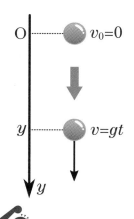

　この式を見てわかるように、物体をそっとはなして自由落下させるときの落下距離は、質量に関係なく決まっています。この性質により、水入りボトルも空ボトルも、空気抵抗がなければ同時に落下することがわかります。実際は空気抵抗が生じるので、その影響が無視できなくなると物体はゆっくり落下するようになります。

mini-exercise

水面より高さ 20 m のところから 小石を自由落下させた。重力加速度を 10 m/s^2 としたとき、小石が水面に達する直前の小石の速さはいくらになるか。
（20 m/s）

鉛直投げ上げ

　次に初速度がゼロでない落下運動を考えましょう。物体を鉛直上向きに初速度 v_0 で投げ上げる運動を**鉛直投げ上げ運動**といいます。物体は始め鉛直上向きに動いて最高点に到達し、その後自由落下を始めます。物体が上向きの初速度 v_0 を持っているとき、重力は下向きにはたらいているので速さは $v = v_0 - gt$ と減速されます。鉛直上向きを正にとる y 座標を用いて表すと、時刻 $t = 0$ で物体の位置が $y = 0$、初速度が $v = v_0$ である鉛直投げ上げの運動は次のようになります。

POINT

鉛直投げ上げ

$$加速度 \quad a = -g$$
$$速度 \quad v = v_0 - g t$$
$$位置 \quad y = v_0 t - \frac{1}{2} g t^2$$

これらの関係をグラフで表すと、下のようになります。

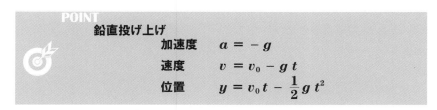

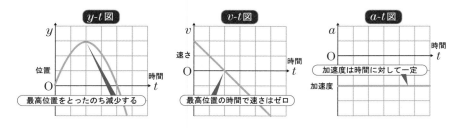

図8　鉛直投げ上げ運動の a-t 図、v-t 図、y-t 図

放物運動

水平投射

　物体をある高さから水平に投げ出したときの物体の運動について考えましょう。水平に投げ出された物体の運動を**水平投射**といいます。1つはそっと手をはなし、もう1つは水平方向に同時に投げ出すとき、どちらが先に着地するでしょうか？答えは2つの物体の運動を表した図9でわかります。

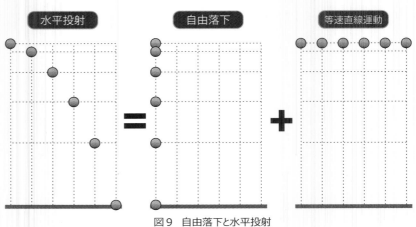

図9　自由落下と水平投射

　水平投射の鉛直方向の運動は自由落下と等しく、また水平方向の運動は、水平方向に投げ出したときの初速度を持つ等速直線運動と同じです。このため水平投射と自由落下で着地するのは同時です。

　運動に水平成分と鉛直成分がある場合、水平方向の位置を x 座標で、鉛直方向の位置を鉛直上向きを正とする y 座標で表すことにします。速度と加速度の水平方向と鉛直方向にそれぞれ x と y を小さな添え字をつけて、v_x、v_y と a_x、a_y と表します。時刻 $t = 0$ で物体の位置が $x = 0$、$y = 0$、初速度が $v_x = v_0$、$v_y = 0$ である水平投射の t 秒後の運動は次のように書けます。

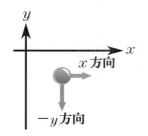

mini-exercise

図のように、高さ y の点から小球 A を自由落下させると同時に、同じ高さから小球 B を初速度 V で、小球 C を初速度 $2V$ でそれぞれ水平右向きに投げだした。A、B、C を投げだしてから地面に達するまでの時間 t_A、t_B、t_C の大小関係はどうなるか。
($t_A = t_B = t_C$)

POINT			
水平投射			
	水平方向		**鉛直方向**
加速度	$a_x = 0$		$a_y = -g$
速度	$v_x = v_0$		$v_y = -gt$
位置	$x = v_0 t$		$y = -\dfrac{1}{2} g t^2$

斜方投射

物体を斜めに投げ上げると図 10 の放物線に沿って動きます。斜めに投げ上げられた物体の運動を**斜方投射**といいます。ここで斜方投射された物体に真上から光が当たっているとして、x 軸に映る物体の影が一定の時間間隔でどのように動くかを考えてみましょう。一定時間に進んだ距離の棒を図 11 上のグラフに並べていきます。簡単にするために一定時間を 1 秒とすると、1 秒間に進んだ距離は速度と考えられます。速度の水平成分はすべて同じ長さなので、等速直線運動であることが確かめられます。

次に斜方投射された物体に真横から光が当たっているとして、その影を鉛直方向の軸（y 軸）に映すと考えてみましょう。斜方投射の鉛直成分の間隔は、上に進むほど間隔が小さくなり、ついには進む間隔がゼロとなり動きの最高点に達します。最高点から下に進む運動は自由落下と同じ運動です。斜方投射の鉛直成分は鉛直投げ上げ運動と同じです。1 秒間に進んだ距離の棒を図 11 下のグラフ に並べていくと、速度の鉛直成分は速さが一定に増加する等加速度の運動であることが確かめられます。

投げ上げたときの初速度の水平成分を v_{0x}、鉛直成分を v_{0y} と表します。水平方向の運動は等速直線運動で、鉛直方向の運動は鉛直投げ上げ運動です。時刻 $t = 0$ で物体の位置が $x = 0$、$y = 0$、初速度が $v_x = v_{0x}$、$v_y = v_{0y}$ である斜方投射の運動は次のように表せます。

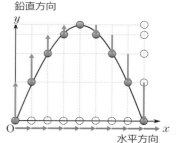

鉛直方向
図 10　斜方投射運動の水平方向と鉛直方向への分解

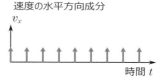

速度の水平方向成分
v_x
時間 t
水平方向は等速直線運動なので速さは変わりません。

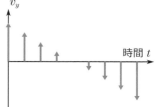

速度の鉛直方向成分
v_y
時間 t
垂直方向は鉛直投げ上げと同じで、最高点で速度がゼロになります。
図 11　斜方投射運動の速度水平方向と鉛直方向の時間変化

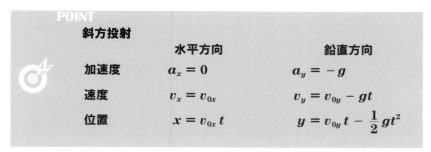

POINT

斜方投射

	水平方向	鉛直方向
加速度	$a_x = 0$	$a_y = -g$
速度	$v_x = v_{0x}$	$v_y = v_{0y} - gt$
位置	$x = v_{0x} t$	$y = v_{0y} t - \dfrac{1}{2} g t^2$

物体の位置の鉛直成分 y は鉛直投げ上げで、時間 t の 2 次関数です。物体の水平方向の位置 x は t に比例するので、上の式において t を x で書き換える事ができます。y は x の 2 乗の項を含む 2 次関数になり物体の投げ上げの軌跡は放物線となります。

mini-exercise

物体を水平面から初速度の大きさ 19.6 $\sqrt{2}$ m/s、仰角 45° で投げだした。投げだしてから 2.0 s 後の速度の水平成分と鉛直成分の大きさはそれぞれいくらか。重力加速度の大きさを 9.8 m/s^2 とする。
（19.6 m/s, 0 m/s）

Exercise
ボールの鉛直投げ上げ

Q

ボールを真上に投げ上げると、最高点に到達した後、自由落下を始めて投げた地点に落下しました。初速度の大きさを 20 m/s 、重力加速度の大きさを 10 m/s^2 として次の問いを考えましょう。

❶ ボールが最高点に達して速度がゼロになる時間は何秒後でしょうか？

❷ 最高点の高さはいくらでしょうか？

❸ 最高点を経て投げ上げた地点に戻ってきたのは、何秒後でしょうか？

A

❶ 速度がゼロになるのは $v = v_0 - gt = 0$ となる条件なので $20(\text{m/s}) - 10(\text{m/s}^2) \times t(\text{s}) = 0$ より $t = 2$ となります。2 秒後に最高点に到達します。

❷ 2 秒後の位置は $y = v_0 t - \frac{1}{2} g t^2$ に $t = 2$ を代入し $20(\text{m/s}) \times 2(\text{s}) - \frac{1}{2} 10(\text{m/s}^2) \times 2^2(\text{s}^2) = 20(\text{m})$。最高点の位置は 20 m です。

❸ 最高点では速度ゼロなので、その地点からの運動は自由落下となります。落下距離が 20 m に要した時間は $20(\text{m}) = \frac{1}{2} \times 10(\text{m/s}^2) \times t^2(\text{s}^2)$ が求められます。これを解くと $t = 2$ となり、答えは投げ上げた時間と等しい 2 秒となります。投げ上げ運動の上りと下りの時間は等しいのです。つまり、投げ上げた地点に戻ってきたのは、4 秒後です。

 Exercise
ボールの投げ上げ角度

Q

ボールを斜めに投げ上げると、放物線を描いて落下します。投げ上げた地点から落下点までの距離が最も大きくなるのは、投げ上げる角度が 30°、45°、60°、90°のうちどれでしょうか？空気抵抗を無視して考えましょう。

野球などの球技を思い出して話し合ってみましょう。真上に投げ上げるとどうなるか、真横に投げるとどうなるか、それらのことをもとにして考えてみましょう。

A

放物線の関係式を用いて答えを見つけましょう。図 12 のように、鉛直上方向を y 座標、水平方向を x 座標で表し、ボールの初速度の大きさを v_0、投げ上げ角を θ とします。図 13 によって初速度の水平成分と鉛直成分が決まります。水平方向の飛距離が最大となる打ち上げ角 θ を次のステップで求めましょう。

①最高点に到達する時刻 t
②水平方向の飛距離 x
③水平方向の飛距離が最大となる打ち上げ角 θ

①最高点では、鉛直上向きの速度がゼロとなるので、

$$v_y = v_{0y} - gt = 0$$

となる時刻 t を求めればよいのです。

$$t = \frac{v_{0y}}{g} \dots (1)$$

②飛距離は、（1）式の時間の 2 倍かかって到達する位置なので、

$$x = v_{0x} \times \frac{2 v_{0y}}{g} = \frac{2 v_{0x} v_{0y}}{g} \dots (2)$$

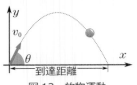

図 12　放物運動

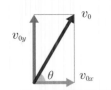

図 13　初速度の分解

③飛距離最大となる打ち上げ角 θ は何度でしょう？

初速度の各成分 v_{0x} と v_{0y} を投げ上げ角度 θ で表して（2）式に代入すると、水平方向の飛翔距離 x がわかります。

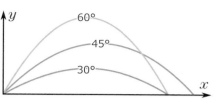

$$x = \frac{2v_{0x}\, v_{0y}}{g} = \frac{2v_0{}^2 \cos\theta \sin\theta}{g} = \frac{v_0{}^2 \sin 2\theta}{g}$$

$\sin 2\theta$ は $\theta = 45°$ で最大値 1 なので、飛距離最大となるのが 45° となります。初速度を鉛直上方向と水平方向に等しくなるように振り分ける場合が、最もよく飛ぶことがわかりました。また、30° と 60° の飛距離が等しいこともわかります。

✏️ Column 小球の空中衝突

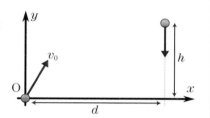

図のように原点 O から水平距離 d だけはなれた位置に高さ h の位置に緑の小球があります。原点にある青い小球を発射すると同時に、緑の小球が落ち始めるとします。2 つの小球を衝突させるには、どこをめがけて青い小球を発射するとよいでしょうか？緑の小球は自由落下、青い小球は放物運動をするとして、空気抵抗は無視します。

2 つの小球が時刻 $t = 0$ で同時に動き始めるとして、時刻 t におけるそれぞれの位置を比べましょう。青い小球の位置を x と y で表し、緑の小球の位置を X と Y で表します。青い小球は斜方投射運動なので、

$$x = v_{0x} t, \qquad y = v_{0y} t - \frac{1}{2} g t^2$$

で与えられます。緑の小球は自由落下運動なので次式で与えられます。

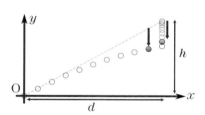

$$X = d, \qquad Y = h - \frac{1}{2} g t^2$$

2 つの小球の鉛直方向の位置、y と Y の第 2 項は等しい大きさで減少しています。このことから、青い小球と緑の小球は右図のようにいつも同じだけ落下していることがわかります。

2 つの小球が衝突するということは、それぞれの座標が一致するということで、$x = X$, $y = Y$ の条件は

$$d = v_{0x} t, \qquad h = v_{0y} t$$

となります。この 2 つの関係式が意味するのは、初速度の向きは x 軸方向と y 軸方向の比 $v_{0x} : v_{0y}$ が $d : h$ になるようにすれば衝突するということです。

$$v_{0x} : v_{0y} = d : h$$

この傾きに発射すればよいのです。つまり、青い小球を緑の小球にめがけて発射すれば落下中の緑の小球にあたります。

次に青い小球の初速度を大きくすると、衝突する位置はどうなるでしょうか？衝突するためには初速度の大小によらずに青い小球は緑の小球の向きに発射しなければなりません。初速度を大きくすると青い小球の軌跡は大きな山を描くので、2 つの小球の衝突する位置は高くなります。

2-3 力と運動

運動の法則

ロケット発射。ペットボトルロケットの噴射口から水が勢いよく噴射して、ペットボトルロケットが飛んでいます。水の噴射でなぜペットボトルロケットが動くのでしょうか？物体が力を受けるとどのように運動するか、力と運動の関係をみていきましょう。

Let's discuss! 宇宙に浮かぶ2つの物体、どっちが重いかな？

宇宙空間に同じ大きさで質量の異なる物体が2つ浮かんでいます。重力がはたらかないので、どちらも同じように宙に浮いています。どちらの質量が大きいのか、どうすればわかるでしょうか？

SKIT!

とりあえず1つの物体をもう1つにぶつけてみたらどうかな？

コイン衝突実験と同じようにね。
ぶつけた方が重いと、ぶつけられた軽い方は速く動いて重い方も少し動いたね。

ぶつけた方が軽いと、跳ね返ったね。

では重さを比べるためにそれぞれを同じ力で押すとどうでしょう。
質量が異なる物体を押すとどうなるのか、実験してみましょう。

Let's try
押してみよう実験

よく滑べる台車に、重い人と軽い人を乗せて押して、台車が動き出すときの加速度を比べましょう。

準備

- 実験道具 -
台車1台、座布団

実験のポイント！
※初期位置がわかるように、背景に印をつけておきます。
※膝を痛めないよう台車の上に座布団を敷きましょう。

実験手順

実験①：押す力の大小で、何も乗せない台車が動き出すときの加速度はどちらが大きいか比べましょう。

実験②：まず重い人を乗せて台車を押してどこまで動くか、動き出すときの加速度はどうか観察しましょう。次にその同じ力で、軽い人を乗せた場合と、台車だけの場合とを比べてみましょう。

結果

　実験①で台車を押す力が大きい方が台車はより速く動き出しました。②まず重い人を乗せた台車を押すと、止まっていた台車の動き出しはゆっくりで、遠くまで動きませんでした。

　次に軽い人を押すと、台車の動き出しは速く、遠くまでよく動きました。

　台車だけなら、もっと動き出しが速く、もっと遠くまで動きました。

解説

　動き出すということは速度がゼロから変化するということなので、加速度が生じているということです。台車を押す力を大きくすると、台車の加速度が大きくなります。台車を重くすると、台車の加速度は小さくなります。物体にはたらく力、物体の質量、生じる加速度の関係は次のような**運動の法則**で与えられます。

> **POINT**
> 運動の法則
> **物体に力がはたらいたとき、物体に力と同じ方向に加速度が生じる
> 加速度の大きさは力の大きさに比例し、物体の質量に反比例する**

　運動の法則を式で書きましょう。外力をベクトルで $\vec{F}$ と書き、物体の加速度を $\vec{a}$、物体の質量を m とすると次の**運動方程式**が成り立ちます。

> **POINT**
> 運動方程式　　**力 ＝ 質量 × 加速度　　$\vec{F} = m\vec{a}$**

mini-exercise

質量 3.0 kg の物体に、右向き 8.0 N、左向きに 2.0 N の力を同時に加える。物体に生じる加速度はどちら向きに何 m/s² か。
（2.0 m/s²）

物体にはたらく力が物体の運動の変化を引き起こすという意味です。この式を加速度はどう決まるかという式に書き換えてみましょう。

$$\vec{a} = \frac{\vec{F}}{m}$$

この式を見てわかるように、大きな力を与えると、物体の加速度は大きくなります。物体の質量が大きくなると、加速度は小さくなります。

　力の単位は**ニュートン（N）**を用います。質量 1 kg の物体に 1 m/s² の加速度を与える力が 1N ＝ 1 kg・m/s² です。重力加速度を $g = 9.8$ kg m/s² とすると、100 g のリンゴにはたらく重力の大きさが約 1 N です。

　リンゴが落下する運動を考えましょう。リンゴにはたらく力は重力です。鉛直上向きを正とする y 座標を用いると次のようになります。

$$F = -mg$$

運動方程式の左辺はリンゴにはたらく重力、右辺はリンゴの質量×加速度です。リンゴの鉛直方向の運動方程式は次のようになります。

$$ma = -mg$$

この式から加速度が求まり、第 2 節でみた $a = -g$ という等加速度直線運動であることがわかります。

作用・反作用の法則

物体が外部から力を受けると、物体が動き始めます。それでは、力を与えた方はどうなるでしょう。あなたが人を押したとき、あなたは動くのか静止したままか、どうなるのでしょうか？

Let's discuss! 押し合い実験：押したら自分はどうなる？

滑らかに動く2台の台車に1人ずつ乗ります。
1人だけが、押したり引いたりしたとき、2台の台車はどのように動くでしょうか？

❶1人が押したとき

a 押された人だけ動く
b 押した人だけ動く
c 両方動く

❷1人が引いたとき

a 引かれた人だけ動く
b 引いた人だけ動く
c 両方動く

Skit!

押されたら絶対動くから、aの押された人だけ動くんじゃないかな。

押すものが壁だと、bの押す人が動くと思います。

スケートでお互い押しあうと、二人とも遠ざかっていった気がするけど...

 さあ、どうなるでしょうか？理由を考えながら実験してみましょう。

Let's try 押し合い実験

滑らかに動く2台の台車にそれぞれ乗り、1人だけが押したとき、あるいは引いたとき、2台の台車のどちらが動くでしょうか？

準備

- 実験道具 -
台車2台、タオル1本、
座布団2枚

写真のように台車に座布団を敷くとよいでしょう。

実験のポイント！
※台車に乗る2人の体重はほぼ等しくなるようにしましょう。
※初期位置がわかるように、背景に線で印をつけましょう。
※力を受ける人は、余分な力を入れないようにします。

実験手順

実験①押し合い実験
2台の台車を初期位置で向かい合わせに置き、それぞれ乗ります。2人の手を合わせて、1人だけ押します。初期位置から動いた距離を 比べましょう。

実験②引き合い実験
2台の台車をタオルの長さだけ離しておき、それぞれの台車に乗ります。2人はタオルを持ち、1人だけ引っ張ります。動いた後の位置と初期位置を比べましょう。

結果

結果は押した場合も引いた場合も、2人とも同じ距離だけ動きました。

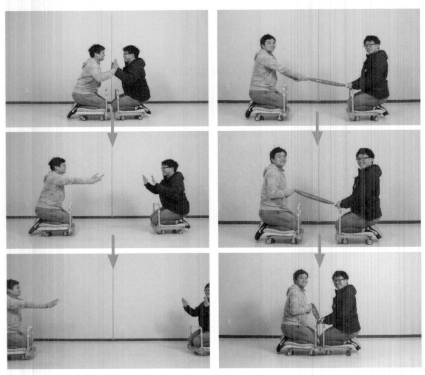

力を与えたら、力を受けた人も力を与えた人も動き始めました。動いた距離はほぼ等しいことから、加速度がほぼ等しく、つまり力の大きさもほぼ等しいと考えられます。

解説

　押す人が押される人に力を与えると、その作用に対して、同じ大きさで逆向きの力が反作用として生じます。これが、ニュートンの運動の第3法則である**作用・反作用の法則**です。

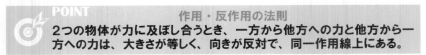

POINT　　　　　　　　　　　作用・反作用の法則

2つの物体が力に及ぼし合うとき、一方から他方への力と他方から一方への力は、大きさが等しく、向きが反対で、同一作用線上にある。

ペットボトルロケットが発射するのは作用・反作用の法則で説明できます。水量と打ち上げ角度、羽根の工夫をすれば100 m以上飛ばすことも可能です。

　第3節始めの写真で、ペットボトルロケットからの水の噴射を作用とすると、その反作用がロケットの推進力となっています。作用を噴射された物質の質量とその加速度の積だとすると、水の噴射の方が空気だけの噴射より大きい作用となり、その結果反作用も大きくなります。そのため、水を入れたペットボトルロケットはよく飛ぶのです。

運動の法則

　ニュートンは著書『自然哲学の数学的諸原理（プリンキピア）』で運動の3法則、万有引力の法則を与え、微分積分を導入して、古典力学の基礎を築きました。ニュートンの運動の3法則は次のとおりです。

(作者：Godfrey Kneller)

アイザック・ニュートン
(Isaac Newton, 1643 - 1727)
イギリスの物理学者・数学者。
運動の法則や万有引力の法則の発見だけでなく、微積分法の確立や光学の研究など数多くの分野で多くの功績を残した。

> **POINT**
>
> ニュートンの運動の3法則
> 運動の第1法則　慣性の法則
> 運動の第2法則　運動の法則
> 運動の第3法則　作用・反作用の法則

　慣性の法則は第1節のドライアイスのカーリング実験で、運動の法則はこの節の台車を使った押してみよう実験で、作用・反作用の法則は押し合い実験でそれぞれ体感しました。身近な物体の運動は、これらの法則で説明できることがたくさんあります。

Exercise 運動方程式

Q

　滑らかな床で台車を押すと、1秒後に1 m/s の速度で動きました。物体を乗せた台車の質量が10 kg であるとき、このときに押した力は何 N（ニュートン）だったでしょうか？

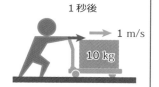

1秒後

1 m/s

10 kg

A

　台車は1秒後に速度1 m/s に加速されたので、加速度は1 m/s² です。質量が10 kg なので、加えた力は　質量×加速度　なので、10（kg）× 1（m/s²）= 10（N）となります。

Exercise 作用・反作用と運動方程式

Q

　ロケットが燃料を噴射して、その反作用を推進力として加速されました。作用として噴射した力の大きさが500 N であるとき、ロケットの加速度の大きさはいくらでしょうか？初速度がゼロだとし、推進力が10秒間はたらき、その後は等速で進んだとすると、1分間で進む距離はいくらでしょうか？ただし、ロケットの質量は500 kg だとして、噴射した後も質量の変化は無視できるとします。

作用　反作用

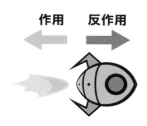

A

ロケットの加速度の大きさを a とすると、運動方程式は $F = ma$

$$500（N）= 500（kg）× a（m/s²）より a = 1（m/s²）$$

となります。

はじめの10秒間は等加速度直線運動なので、進んだ距離は $\frac{1}{2}at^2 = \frac{1}{2} × 1（m/s²）× 10^2（s²）= 50（m）$ です。

10秒後の速さは　1（m/s²）× 10（s）= 10（m/s）　です。

その後の50秒間は等速直線運動なので、10（m/s²）× 50（s）= 500（m）進みます。

合わせると、50（m）+ 500（m）= 550（m）、となるので550 m 進むことになります。

仕事とエネルギー

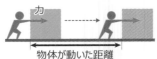

物体が動いた距離

　物体に力を加えてその物体を動かしたとき、力は**仕事**をしたといいます。仕事は力の大きさと物体が力の向きに動いた距離の積で与えられます。仕事の単位は**ジュール（J）**を用います。1 N の力を加えて力の向きに物体を1 m 動かす仕事が 1 J ＝ 1N・m です。

> **POINT**
>
> **仕事 ＝ 力 × 力の向きに動いた距離**

動いている物体は他の物体に力を及ぼして仕事をすることができるので、**運動エネルギー**を持っているといいます。動いている物体の運動エネルギーは次のように与えられます。

> **POINT**
>
> **運動エネルギー ＝ $\dfrac{1}{2}$ × 質量 × 速さ^2**

力 F

距離 x

物体がされた仕事と、仕事により得た運動エネルギーとの関係をみていきましょう。よく滑る水平な面に静止している台車に一定の大きさ F の力を加え、台車を力の向きに距離 x 動かしたときの仕事を W とします。

$$W = Fx$$

力の大きさは一定なので、運動方程式から等加速度直線運動であることがわかります。台車の質量を M とすると時刻 t における台車の加速度は $a = \dfrac{F}{M}$ となり、速度は $v = at$、距離は $x = \dfrac{1}{2}at^2$ で与えられます。仕事の関係式の右辺 Fx を v で表してみましょう。

$$\frac{1}{2} \times Ma \times at^2 = \frac{1}{2} \times M\left(\frac{v}{t}\right)^2 t^2 = \frac{1}{2}Mv^2$$

台車は仕事によって右辺の運動エネルギーを得たことがわかります。

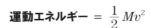

運動エネルギー ＝ $\dfrac{1}{2}Mv^2$

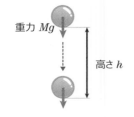

重力 Mg

高さ h

　質量 M の物体が重力 Mg を受けて距離 h 落下したとき、重力は物体に Mgh の仕事をします。重力がした仕事は物体に運動エネルギーを与えるので、物体は位置によってエネルギーを蓄えていたと考えられます。これを重力による**位置エネルギー**といいます。

位置エネルギー ＝ Mgh

> **POINT**
>
> **位置エネルギー ＝ 質量 × 重力加速度 × 高さ**

　第1節のコイン衝突実験①の結果を考えてみましょう。何回実験しても
ぶつけたコインの数と飛び出すコインの数は等しくなりました。運動量の
保存だけなら、2個ぶつけたとき1個のコインが 2 倍の速さで飛び出して
もいいはずですが、実際はそうなりません。これはなぜでしょうか？

　衝突前後で、運動量が保存するだけでなく、運動エネルギーも保存する
のです。もしコイン2個をぶつけて1個だけが2倍の速さで動くとすると、
運動エネルギーは衝突前の運動エネルギーの2倍となり保存しません。運
動量と運動エネルギーの両方が保存するために、コイン衝突前後で動くコ
インの個数が等しくなるのです。

衝突前の運動エネルギー　＝　衝突後の運動エネルギー

コインと机の摩擦や重力などの外力が無視できる場合、コイン衝突前後で
運動エネルギーが保存します。

Exercise
球の衝突の運動量と運動エネルギー

Q

❶ 質量 4 kg の球を 4 個並べて、3 個を一緒に 1 m/s の速さ
でぶつけたとき、衝突前の運動量と運動エネルギーはいく
らでしょうか？

❷ 衝突直後、いくつかの球は同じ速さで飛び出し残りの球は
静止するとき、飛び出した球の数と速さは右図の (a)〜(c)
のどれでしょうか？赤ベクトルは飛び出したときの速さを
表しています。衝突後の速さは運動量の保存と運動エネル
ギーの保存から決まります。

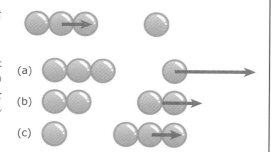

A

❶ 衝突前の運動量は $3 \times 4(\text{kg}) \times 1(\text{m/s}) = 12(\text{kg·m/s})$ で、運動エネルギーは $\frac{1}{2} \times 3 \times 4(\text{kg}) \times 1^2(\text{m}^2/\text{s}^2) = 6(\text{J})$
です。

❷ 衝突後の速さを x m/s として運動量の保存から求めると、運動エネルギーはそれぞれ次のようになります。

(a) $x = \dfrac{12(\text{kg·m/s})}{4(\text{kg})} = 3$ (m/s)　$\Rightarrow \frac{1}{2} \times 4(\text{kg}) \times 3^2(\text{m}^2/\text{s}^2) = 18(\text{J})$

(b) $x = \dfrac{12(\text{kg·m/s})}{2 \times 4(\text{kg})} = 1.5$ (m/s)　$\Rightarrow \frac{1}{2} \times 2 \times 4(\text{kg}) \times 1.5^2(\text{m}^2/\text{s}^2) = 9(\text{J})$

(c) $x = \dfrac{12(\text{kg·m/s})}{3 \times 4(\text{kg})} = 1$ (m/s)　$\Rightarrow \frac{1}{2} \times 3 \times 4(\text{kg}) \times 1^2(\text{m}^2/\text{s}^2) = 6(\text{J})$

衝突前後の運動エネルギーが等しいのは、(c) の3個が衝突前と同じ 1 m/s の速さで飛び出す場合です。

　コイン衝突実験②で重いコインを軽いコインにぶつけると、軽いコイン
は速く飛び出し重いコインも少し動きます。運動量の保存と運動エネルギー
の保存より、重いコインは止まれないのです（章末問題応用5③参照）。

力学的エネルギーの保存

写真のように振り子をある高さでそっと手をはなすと、最下点を通り同じ高さまで上ります。その後再び最下点を通りもとの高さまで上がり、摩擦が無視できればこの運動を繰り返します。なぜ振り子はこれを繰り返すのでしょうか？

振り子の最高点では高さが最大なので位置エネルギーが最大ですが、速度がゼロなので運動エネルギーはゼロです。最下点の高さをゼロとすると位置エネルギーはゼロで、速さは最大となり運動エネルギーが最大です。位置エネルギーと運動エネルギーを力学的エネルギーといいます。運動エネルギーと位置エネルギーは互いに形を変えますが、エネルギーの総量は一定に保たれています。これを**力学的エネルギーの保存**といいます。

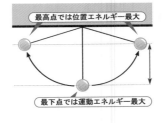

最高点では位置エネルギー最大

最下点では運動エネルギー最大

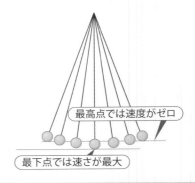

最高点では速度がゼロ

最下点では速さが最大

POINT 力学的エネルギーの保存
仕事をする力が重力だけの場合、運動エネルギーと位置エネルギーの和は一定に保たれる

振り子の位置エネルギーと運動エネルギーの関係を考えましょう。最下点の高さをゼロとして初めの高さを h、振り子の質量を m、重力加速度の大きさを g とすると、初めの位置エネルギーは mgh となります。最も速くなる最下点の速さを v とすると、運動エネルギーは $\frac{1}{2}mv^2$ となります。初めの位置エネルギーと最下点の運動エネルギーは等しいという力学的エネルギーの保存を式で書くと次のようになります。

$$mgh = \frac{1}{2}mv^2$$

それでは、振り子をある高さで勢いをつけてはなすと、どの高さまで上がるでしょうか。もとの高さでは止まらず勢いあまってもっと高くまで上がります。なぜ振り子に初めの勢いをつけると、高くまで上がるのでしょうか？これは始めから運動エネルギーを持っているということなので、この運動エネルギーの分だけより高いところまで上がり、大きな位置エネルギーに変わったのです。このように運動エネルギーと位置エネルギーは互いに形を変えても、それらの総量は保存しています。

mini-exercise

図のように、高さ h で振り子のおもりに初速度 v_0 を与えたとき、最高点の高さ h' はいくらになるか？ h と v_0 で表せ。
$\left(h' = h + \frac{v_0^2}{2g}\right)$

mini-exercise

最下点からの高さが 20 m の高さから出発したジェットコースターが、最下点を通過するときの速さ はいくらになるか 。ただし、コースターにはたらく摩擦や空気抵抗は無視できるものとし、重力加速度の大きさ $g = 10$ m/s² とする 。
（20 m/s）

1
止まっている自動車に乗り、アクセルを踏んで 1 m/s² の加速度で加速した。
① 15 秒後の速度は何 m/s か？

②それは何 km/h か？

③このとき進んだ距離は何 m か？

2
止まっている自動車に乗り、アクセルを踏んで一定の加速度で加速し、20 秒後に時速 36 km になったとする。
①時速 36 km の速度は何 m/s か？

②このときの加速度は何 m/s² か？

③このとき進んだ距離は何 m か？

3
ボールを高い所からそっと落とした。重力加速度の大きさを 10 m/s² として次の問いに答えよ。
① 3 秒後のボールの速さはいくらか？

② 3 秒後に落下した距離はいくらか？

4
5 m の高さのベランダから物を落としてしまった場合、地面とぶつかるときの速さは m/s か？それは何 km/h か？重力加速度を 10 m/s² として求めよ。

5
5 m の高さのベランダから水平に 4 m/s でボールを投げたとき、落下地点はベランダ直下から何 m 離れているか？重力加速度を 10 m/s² として求めよ。

6
直線状のレールの上を物体 1 の後ろに物体 2 が同じ向きに運動している。初めの運動量の大きさはそれぞれ 1.0 kg・m/s と 2.0 kg・m/s であった。物体 2 が物体 1 に衝突したとき、衝突後に物体 1 の運動量の大きさを測定したら 1.5 kg・m/s に変化していた。衝突後の物体 2 の運動量の大きさを求めよ。なお、2 つの物体に外力ははたらいていないとする。

7
滑らかな水平面上を速さ 14.0 m/s で進んできた質量 6.0 kg の物体が、水平面と滑らかにつながっている斜面を上がっていった。水平面からの高さが 9 m の地点における物体の速さはいくらか。ただし、重力加速度を 10 m/s² とし、物体と水平面および斜面との摩擦や空気抵抗は考えないものとする。（公務員試験 特別区 2014 改）

1

ある物体を自由落下させ、落下開始から時間 t、$2t$、$3t$ の間に落下した距離をそれぞれ a、b、c とする。このとき、$a : (b - a) : (c - b)$ を求めよ。

2

ラジコンカーを東西方向の直線上で走らせたときの様子を、縦軸に速度、横軸に時間としたグラフで表した。文章中のA～Cに入る数は何か。（国立大学法人等職員採用試験 2007 改）

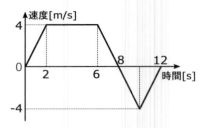

はじめにラジコンカーを東の方向に走らせて、【　A　】秒後に西に走らせた。このとき、ラジコンカーは東の方向に【　B　】mだけ走った。また、ラジコンカーは最終的にスタートの位置から【　C　】mの位置にいる。

3

ペットボトルロケットを発射させるのに、
a. 空気噴射
b. 水噴射
を行った。噴射した空気の質量は 0.6 g、噴射した水の質量は 120 g で速さはともに 10 m/s であったとする。発射したロケットの速さはそれぞれいくらか？発射後のロケットの質量を 60 g として、運動量の保存から求めよ。

4

ボールを速度 5 m/s で上向きに投げ上げると、最高点まで上がってから落下した。重力加速度の大きさを 10 m/s^2 とする。
①ボールの最高点の速度はいくらか？

②最高点に達する時間は何秒か？

③最高点の高さは初めに投げ上げた高さから何 m か？

④最高点から初めに投げ上げた高さに戻ってくるまでの時間は何秒か？

⑤初めに投げ上げた高さに戻ってきたときの速度は何 m/s か？

5

質量 M の重いコイン 1 個を V の速さで、静止している質量 n（$M>n$）の軽いコインにぶつけた。衝突後の重いコインと軽いコインの速度は、V の速度の向きを正としてそれぞれ X、Y となった。

①運動量の保存はどのように表されるか。

②運動エネルギーの保存はどのように表されるか。

③運動量の保存と運動エネルギーの保存から、X と Y を求めよ。X はゼロとはならないことを確かめよ。

④小さいコインの衝突後の速さ Y は、ぶつけられた速さ V よりも大きくなることを示せ。

気体や液体の不思議な性質

小さなガラスドームには異なる量のビーズが入っています。
水の温度は左から順に 36.9℃、18.8℃、6.0℃です。
水の温度が下がるとおもりが浮かんでいくのはなぜでしょう？
この章では気体や液体の圧力、温度、体積などの性質について
学びます。

圧力・熱

第**3**章

3-1

気体の圧力

大気圧

口をあけた風船がビンの中で膨らんでいます。どうして膨らんでいるのでしょうか。風船の中には空気しかありません。空気の重さが風船を押しているのでしょうか？

Let's try
空気の重さを測ろう！

空気に重さはあるのでしょうか。あるとすればどのくらい重いのでしょうか？はかりで測ってみましょう。

準備

- 実験道具 -
0.1gまで測れるデジタルはかり、
2Lペットボトル（炭酸飲料用）、
フィズキーパー
（ボトル用のポンプ式キャップ）

実験手順

ペットボトルにフィズキーパーを取り付けて、空気は押し入れずにそのままの重さを測りましょう。写真ではペットボトルをはかりにのせた後に0.0gになるように調整しています。

フィズキーパーを40回ほど押して空気をパンパンにペットボトルに入れて、もう一度重さを測ります。

　空気をパンパンに入れて増加した空気の質量は、0.8 g でした（右写真）。ペットボトルのふくらみはわずかですがボトル内の圧力が上がり、空気の質量は確かに増加しました。空気は確かに重さがあり、重力がはたらいています。

解説

　空気は約 8 割が窒素、約 2 割が酸素でその他複数の気体が混ざったものです。地球の表面には、およそ 500 km にも積み重なった気体の層があります。この気体の層全体を大気といい、その中でも地表に近い部分の気体を一般に空気といいます。大気の総量は 5.1×10^{18} kg[1] ととても大きな量ですが、この総量が直接地表の私達に影響しているわけではありません。単位面積当たりにかかる力を考えることが大切です。

　それではまず圧力の定義からみていきましょう。圧力とは、単位面積当たりにはたらく力の大きさです。

POINT

$$\text{圧力} = \frac{\text{力}}{\text{面積}}$$

　1 m² 当たり 1 N の力が加えられているときの圧力を 1 パスカル（Pa）といいます。例えば、体重 50 kg の人にハイヒールのかかとの部分（約 1 cm²）で踏まれると 5×10^6 Pa の圧力がかかります。スニーカーの広い底の部分（約 25 cm²）で踏まれても、その $\frac{1}{25}$ 倍の 2×10^5 Pa の圧力ですみます。ヒールの方が痛みを感じるのは圧力が大きいためです。

　以前は、気体や液体の圧力を表すのに、水銀の柱にして何 mm になるかという mmHg（ミリメートル水銀）が用いられていました。この章では水の柱の重さにして何 cm の高さになるかという cmH_2O（センチメートル水柱）という単位も用います。大気による圧力を大気圧（気圧）といいます。単位面積当たりに高さが 76 cm の水銀柱にはたらく重力の大きさを 760 mmHg と書き、1 気圧といいます。大気圧はほぼ 1 気圧です。これは約 10 m の水柱の重さと等しくなります（右図）。

POINT

$$\text{1 気圧} = 1.013 \times 10^5 \text{ Pa} = 1013 \text{ hPa}$$

　乾燥している空気 1 L の質量は、温度 15 ℃、1 気圧のとき、1.225 g です[2]。大気にかかる重力は下向きにはたらきます。それでは私達のまわりで大気圧はどちらの向きにかかるのでしょうか？大気圧がはたらく向きを実験して確かめましょう。

2 L ペットボトルに空気を詰め込み、空気の質量が 0.8 g 増加した。

[1]NASA Official, 2020: David R. Williams

T I P S
圧力の単位

　大気圧の単位にはヘクトパスカル（hPa, 1 hPa = 100 Pa）や気圧（atm, 1 atm ≒ 1.013×10^5 Pa）などがあります。血圧の値の単位はミリメートル水銀です。胸腔の圧力など生体内の圧力には、水銀の柱の代わりに水柱にしてどのくらいの高さかというセンチメートル水柱（cmH_2O）も用いられています。

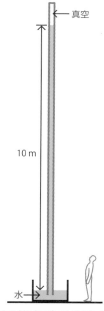

　一方の端が閉じてある長い管を水で満たして、水の入った容器に逆さにして立てると、水の高さは 10 m のところまで下がってつり合います。水の上の部分は真空です。

[2]ISA(International Standard Atmosphere), 1975

Let's discuss!
逆さコップ実験：水はこぼれる？こぼれない？

　コップに水を一杯に入れて厚紙をかぶせて逆さにするとどうなるのでしょうか。

❶水で満たしたコップに厚紙のふたをかぶせて逆さにします。厚紙を支える手をはなすと水はこぼれるでしょうか、こぼれないでしょうか？その理由はなぜでしょうか？
❷コップにふたをかぶせて横にしてみるとどうなるでしょうか？

■ Skit!

> すぐふたが取れて水がこぼれるんじゃないかなぁ。

> 厚紙のふたが水の表面張力でくっついているような気がするけど。

> それなら、厚紙のふたと水が一緒にこぼれるんじゃない？

> もしこぼれないなら、水の重力を打ち消す力がはたらいているはずですね。それはどのような力でしょうか？予想してみましょう。

Let's try
逆さコップ実験

コップに水を入れ、厚紙のふたををかぶせます。逆さにしてふたを押さえている手をそっとはなすとどうなるでしょう？

準備

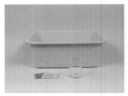

- 実験道具 -
コップ、厚紙（スナック菓子箱を 10 cm の正方形に切る）、水、水受け

実験手順

① コップのふちまで水を満たし厚紙をかぶせます。

② 厚紙を手で押さえてコップに空気が入らないようゆっくりと逆さにした後、厚紙を支える手をそっとはなします。次に、厚紙を手で押さえてゆっくりとコップを横に傾けます。厚紙を支える手をそっとはなすとどうなるでしょうか。

結果

　水で満たされているコップにぴったりと紙をかぶせて逆さにしても、横にしても、水はこぼれませんでした。

解説

コップを逆さまにしても水が落ちないのは、厚紙にかかる大気圧が水にかかる重力と逆向きにはたらいているからです。コップの底面積が約 25 cm^2、高さ 10 cm だとすると水の重さは 250 g 程ですが、底面積 25 cm^2 にかかる大気の重さは 25 kg で、同じ大きさの大気圧がはたらきます。圧倒的に大気圧による力の方がコップの水にかかる重力より大きいのです。

コップを横向きにしても厚紙が落ちないことから、大気圧は下向きや上向きだけでなく横向きにもはたらいていることがわかりました。

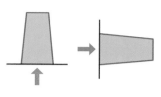

上へも横へもはたらく大気圧

大気や水の中の物体はすべての向きから大気圧や水の圧力を受けます。例えば私達が水に潜ると、上から水の重さで押されるばかりでなく、横からも下からも水の圧力を体感します。右図のように気体や液体のある点には、どの向きからも同じ大きさの圧力がはたらいています。その点にはたらく力はつり合っています。

大気圧の大きさは標高で変わります。標高の高い山では大気圧の大きさは小さくなります。大気の圧力は高気圧か低気圧かなどの気象条件でも変化します。

気体や液体の各点には、どのむきからも「同じ大きさの圧力」がはたらいています。

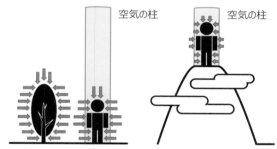

空気の柱　　空気の柱

ビンの中で膨らむ風船にはたらく大気圧

Column
冷やして膨らむ風船

ビンの中で膨らむ風船には、右の写真のように空気が風船の口から入り込み、大気圧が下向きや横向きなどのすべての向きにはたらいています。普通はビンの中は大気圧と等しいので、ビンの中で風船の口を上に向けただけではしぼんだままです（下の写真左）。ビンの中で風船を膨らませるために、水蒸気が冷めると水になることを利用してビンの中の圧力を大気圧より小さくします。

ビンの中でしぼんだ風船

ビンの中で膨らむ風船

ビンの中に水 20 cc ほど入れて電子レンジで約 2 分加熱後、軍手等をして取り出し湯を捨てます。熱い水蒸気をビンに満たしビンの口を風船でふさぎます。冷えると、ビンの中の水蒸気が水滴になり、水蒸気を含む気体の圧力が小さくなります。すると風船の大気圧で写真のように風船がビンの内側に押されて膨らみます。

吸盤　　**検索**　台所や風呂用のタオル掛けには壁に吸盤でつけるタイプのものがあります。吸盤はどうして壁に付くのでしょうか？吸盤が付かなくなる条件はあるのでしょうか？吸盤のしくみを調べて考えてみましょう。

気体の性質

気体や液体に力を加えるとどうなるのでしょうか？気体や液体のような流体は形を変えるので、これまでの力学をそのまま使うことができません。この節では気体に加える圧力を通して、気体の性質をみていきましょう。

気体の圧力と体積の関係

容器に閉じ込めた空気に圧力を加えるとどうなるでしょうか？気体の圧力と体積の関係を考えましょう。

Let's try ピストン実験

注射器のピストンを押したり引いたりして、指先が押されたり引っ張られたりするのを体感しましょう。発泡スチロール小片を入れてピストンを動かすとどうなるでしょう。

| 準備 | 実験手順 |

準備

- 実験道具 -
注射器（百円ショップで
購入可）、
発泡スチロール小片
（注射器に入るよう小さく
切っておく）

実験手順

実験①
注射器の先を指でふさぎ、ピストンを押すと体積が小さくなります。押す力と体積との関係を観察しましょう。

実験②
発泡スチロール小片を入れ、ピストンを押したり引いたりしましょう。小片の体積の変化から、注射器内の空気の圧力と体積の関係を観察しましょう。ピストンの中のスチロール小片の体積はどうして変化するのでしょうか？

結果

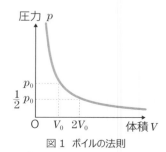

実験①で、注射器の口を指でふさぎピストンを押すと指先が押され、引くと指先が引っ張られました。ピストンを大きな力で押すと注射器内の体積が小さくなりました。②で発泡スチロール小片を入れて、ピストンを押すと小片は小さくなり（左図）、引くと大きく膨らみました。

解説

空気がもれないようにしてピストンを押すと、容器内の空気の体積は小さくなり圧力は大きくなります。ピストンを引くと、容器内の空気の体積は大きくなり圧力は小さくなります。ボイル（1627-1691、イギリス）は、温度が一定のとき、容器に閉じ込めた気体の体積は圧力に反比例することを発見しました。これを**ボイルの法則**といいます。

POINT

ボイルの法則

温度一定のとき、一定量の気体の体積は気体の圧力に反比例する

$$体積 = \frac{定数}{圧力}$$

図 1 ボイルの法則

発泡スチロール小片が小さくなったのはなぜでしょうか。これは容器中の気体や液体などの流体には、容器の形に関係なく容器内のすべての点に同じ大きさの圧力がかかるという流体の基本原理のためです。パスカル（1623-1662、フランス）が発見したので**パスカルの原理**と呼びます。

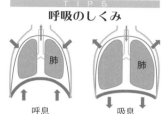

パスカルの原理
容器内の各点にはたらく圧力

気体の温度と体積の関係

気体の体積の変化は圧力の変化と関係することがわかりました。気体の体積を変化させるには、別の方法もあります。へこんだピンポン玉を熱い湯につけると、膨らんでもとの丸い形に戻ります。気体の温度を変えると体積がどのように変わるのでしょうか。

圧力を一定に保ちながら、閉じ込められた気体の温度を上げていくと気体の体積が増加します。シャルル（1746-1823、フランス）はこの関係を詳しく調べて、空気の体積は温度（絶対温度）に比例することを発見しました。これを**シャルルの法則**といいます。

> **POINT**
>
> ### シャルルの法則
> **圧力一定のとき、気体の体積は温度に比例する**
> **体積 ＝ 定数 × 絶対温度**

物理における温度は単位を **ケルビン**（K）とする**絶対温度**が用いられます。日常よく使われる**セ氏温度**（セルシウス温度）は、1 気圧のもとで氷が解けて水になる温度を 0 ℃、水が沸騰して水蒸気になる温度を 100 ℃としたものです。−273.15 ℃が絶対温度の零度で、これを**絶対零度**といいます。絶対温度とセ氏温度の関係は次の通りです。

> **POINT**
>
> **絶対温度 T（K）とセ氏温度 t（℃）のおよその関係**
> $$T = t + 273$$

気体の圧力と温度と体積の関係

温度一定で気体の体積は圧力に反比例するというボイルの法則、圧力一定で気体の体積は絶対温度に比例するというシャルルの法則をまとめると、気体の体積は圧力に反比例し、絶対温度に比例するという法則になります。これを**ボイル・シャルルの法則**といいます。

> **POINT**
>
> ### ボイル・シャルルの法則
> **気体の体積は圧力に反比例し温度に比例する**
> $$体積 ＝ 定数 × \frac{絶対温度}{圧力}$$

TIPS
呼吸のしくみ

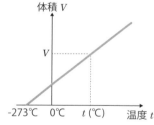

呼息　　　　　　吸息

肺を取り囲む胸郭と横隔膜が肺のまわりの領域を押し広げて圧力を低くすると、肺の中に空気が入ります。逆に肺を取り囲む領域が小さくなると肺の中の空気の圧力が高くなり空気が押し出されます。

体積 V

図 2 シャルルの法則

TIPS
セ氏温度と力氏温度

アメリカなどで日常的に用いられている温度の単位に力氏温度（ファーレンハイト、記号：℉）があります。水の凝固点を 32℉、沸騰点を 212℉としたものです。セ氏温度 t と力氏温度 F とのおよその関係は
$$F = \frac{9}{5}t + 32$$
となります。

mini-exercise
セ氏 27 ℃は絶対温度で何 K でしょうか？
（300 K）

気体の圧力と流速の関係

　風は速度を持った空気です。流体の速度を**流速**といいます。ここでは気体の流速と圧力の関係をみていきましょう。風が吹くと空気の圧力は変化するのでしょうか？

Let's discuss!
ビルの谷間の風

　ここにビルに見立てた発泡スチロールの板が2枚あります。このビルはわずかな力で動きます。ではこの2つのビルの間にストローで風を吹き込んでみましょう。2つの発泡スチロールのビルはどうなるでしょうか？

Skit!

空気の流れが前にも左右にも広がって、2つの物体は離れるんじゃないかな？

ストローで空気を吸ったら2つの物体は吸い込まれて近づくし、
空気を吹き出すと押し出されて離れると思うな。

空気の流れの方向と2つの物体は垂直だから、力ははたらかないんじゃない？

 物体が動くということは力がはたらくということです。
流速と圧力の関係について、身のまわりの現象を例に結果を予想してみましょう。

Let's try
ビルの谷間の風実験

　2つのピンポン玉の間、紙の間、発泡スチロール板の間に空気を吹き込んで、物体がどのように動くかを観察して、気体の流速と圧力の関係を考えましょう。2つの物体の真ん中に勢いよく空気を吹き込んでみましょう。

準備

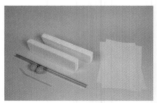

- **実験道具** -
コの字型レール、ストロー、
A4用紙2枚、
ピンポン玉2個、
発泡スチロール板2枚
（30 cm×8 cm×3 cm程度）

実験手順

実験①：ピンポン玉
レールにピンポン玉2つを乗せ、その間にストローで息を吹き込みましょう。

実験②：紙の間の風
2枚の紙を写真のように持ち、その間に短くふっと息を吹き込みましょう。

実験③：板の谷間の風
発泡スチロール板を2枚立てその間にストローで息を吹き込みましょう。

実験のポイント！
※発泡スチロールが動きにくいときは、下にキッチンペーパーを敷きましょう。
※上手く息を吹き込めないときは、細い空気口を取り付けた自転車用の空気入れで代用してもよい。

[結果]

2つの物体の間に風を送り込むと、2つの物体は近づきました。

実験① ピンポン玉の間の風
ふーっと勢いよく息を送り込むと、すーっと近寄ってきました。

実験② 紙の間の風
ふっと勢いよく息を送り込むと、すっとくっつきました。

実験③ 板の谷間の風
ビルの谷間の風は、少し長めに息を吹き込み続けるとすーっと近づいてきました。

[解説]

物体が動いたことで、空気が流速を持つと圧力が下がることがわかりました。物体のまわりには大気圧がはたらいています（図3上）。2つの物体の間の空気が流速を持つと、空気の圧力が下がり両側よりも低い圧力になります（図3中）。圧力が高い方から低い方へ力がはたらくので、2つの物体は両脇から押されて近づきます（図3下）。

流速を持つ気体や液体の圧力を**動圧**といいます。動圧と区別するためこれまで単に圧力と呼んでいたものを**静圧**といいます。動圧が大きくなると静圧が小さくなります。

野球の変化球はこの性質によるものです。図4のように、野球の球から見ると、球の進行方向（①橙色）と逆向きに空気の流れ（①水色）を受けます。球を回転させると（②橙色）球のまわりにはそれにひきずられた空気の流れ（②水色）が生じます。これらの流れ（③）で、球の両側に空気の速さの大小（④水色）ができます。空気の速さが大きくなると圧力が小さくなるので、球は圧力の大きい方から小さい方へ力を受けて（④赤）、球が曲がります。

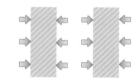

物体にはたらく圧力（橙矢印）

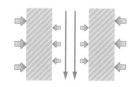

物体の間の風（水色矢印）

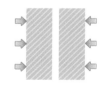

図3 流速と圧力
両脇から押される

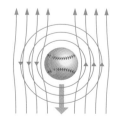

①球の進行方向（橙）と逆向きの空気の流れ（水色）

②球の回転（橙）にひきずられる空気の流れ（水色）

③球のまわりの空気の流れの速度

④空気の流れの速さ（水色）と球にはたらく力（赤）

図4 変化球のしくみ

3-2 液体の圧力

水圧

ふたのあいたペットボトルの穴から飛び出る水が、穴の高さごとに異なる軌跡を描くのはなぜでしょうか？水面からの深さと水の圧力にはどのような関係があるのでしょうか。

🔔 Let's discuss!
高さと水圧：高さと水の勢いの関係は？

ボトルに 3 か所穴をあけてテープを貼ってから水を注ぎます。ふたを閉めないので水面には 1 気圧がかかっています。テープをとったとき勢いよく水が飛び出る順番は、右図のように a. 高い穴 b. 真ん中の穴 c. 低い穴とすると、上の写真から cba の順番でした。水の穴の位置と水の勢いの関係を考えましょう。

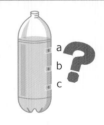

❶ それぞれの穴の位置にある水には、どのような力がはたらいているのでしょうか？
❷ 穴の位置にかかっている力と噴出する勢いにはどのような関係があるでしょうか？

▐ Skit! ▐▐▐

> 同じ容器に入ってるのに、なんで勢いがちがうのかな？

> 位置エネルギーをたくさん持っている高い方が、勢いが弱いなんて不思議ですね。

> 低い穴の位置だと、その上の水の重さがかかって押される力が大きそうだなぁ。

> 噴出する勢いは水の圧力と関係しますね。
> 水の圧力と高さの関係はどのようになっているのでしょうか。

Let's try 高さと水圧実験：水の勢いを比べよう

ペットボトルに高さの異なる3か所に穴をあけて、テープで穴をふさいでおいて水を入れ、テープをはがします。噴出する勢いはどの順に大きいでしょうか。

準備

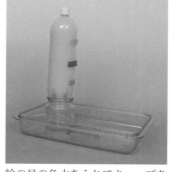

- 実験道具 -
ペットボトル、押しピン、
ビニールテープ、
台、水受け容器、絵具

ペットボトルに3か所（下から、5、10、15 cm）に穴（直径約2 mm）をあけ、テープでふさいでおく。

絵の具の色水を入れてキャップをしめておく。水受け容器の中に台を置き、台の上にボトルを立てる。

実験手順

テープをはずしてからキャップをとります。勢いよく水が噴出するのはどの順番でしょうか。
穴の位置の水にかかる圧力を考えながら勢いの変化も観察しましょう。

結果

勢いよく水が噴出したのは、低い穴、真ん中の穴、高い穴の順番でした。ボトルの水が減っていくと、水の勢いも小さくなっていきました（図5）。

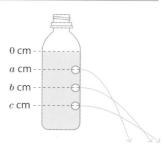

図5　水の高さと流出する水の勢い

解説

水の重さで生ずる圧力を**水圧**といいます。穴の位置の水圧が外部の大気圧よりも大きければ、水が噴出します。低い穴、真ん中の穴、高い穴の順番に勢いよく水が噴出するのは、その順番に水圧が大きいということです。図6のように水圧の大きさはその高さから上にある水柱の圧力で表せます。水面から b cm の深さの位置には、b cm の高さの水柱による圧力がかかっています。

POINT

水圧の大きさ＝水の密度×重力加速度の大きさ×水面からの深さ

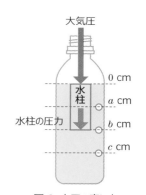

図6　水圧の表し方

水圧を水柱の高さで表すとき H_2O を付けて表します。図6のように b の穴の位置が水面から b cm の深さであるとき、水圧の大きさを b cmH$_2$O と表します。水面には大気圧（p_0）がかかっているので、bにおける圧力は大気圧と水圧の和となり、$p_0 + b$ cmH$_2$O です。a 、b 、c の穴の位置の水圧はそれぞれ a cmH$_2$O、b cmH$_2$O、c cmH$_2$O で、$c > b > a$ なので水圧の大きさは、c.低い穴、b.真ん中の穴、a.高い穴 の順番となります。

　ペットボトルの中の水圧は高さ（水面からの深さ）によって決まることをみました。それではU字型やW字型のチューブの中の水や、表面積が異なるチューブの水の圧力はどうでしょうか。いろいろな場合の水の圧力と高さの関係を考えるために、水面のつり合いの高さをみていきましょう。

Let's discuss! U字型チューブ実験：つり合いの水面の高さは？

水を入れたチューブをいろいろな形にすると、つり合うときの左右の水面の高さはどうなるでしょうか？

❶ U字型チューブの左右どちらの水面が高くなるでしょうか？あるいは同じでしょうか？

❷ チューブをW字型にすると、左右の水面の高さと、真ん中で高くなっている部分の水の様子はどうなるでしょうか？

❸ U字型チューブの片方の表面積を大きくしてみましょう。表面積の大きい方か小さい方か、どちらの水面が高くなるでしょうか？

U字型

W字型

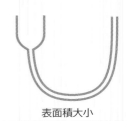
表面積大小

Let's try U字型チューブ実験：ひとつながりの水の不思議

U字型、W字型、表面積大小のチューブの左右のつり合いの水面の高さを確かめましょう。

- 実験道具 -
チューブ
（直径 1.2-1.6 cm、長さ 1.5 m）、
底を切り取ったペットボトル、
飲み口付きペットボトルキャップ
（チューブの直径と一致するもの）、
接着剤かグルーガン、絵の具

準備

①ペットボトルキャップの小さな空気穴を、接着剤かグルーガンでふさぐ。
②下の写真のようにキャップにチューブを通して、接着剤で固定する。

③底を切り取ったペットボトルを取り付け漏斗付きチューブを作る。
④U字型などにしたチューブの漏斗側を低くして、漏斗に色水を注ぐ。

> **実験のポイント！**
> ※チューブには空気が入っていないことが大切。空気が入ってしまったときは、漏斗付きチューブの漏斗側を上下して空気をチューブから抜く。

実験手順

実験①：U字型

U字型チューブの左右の水面の高さはどちらが高いのかを観察しましょう。

実験②：W字型

U字型チューブの真ん中を持ち上げていくとどうなるでしょうか？左右の水面の高さを観察しましょう。持ち上げた山の部分に水はあるのか観察しましょう。

実験③：表面積の大小

チューブの漏斗側を下げて、左右の水面の表面積が異なるようにします。水面が高くなるのは、表面積が大きい方か小さい方か観察しましょう。

結果

　水を入れたチューブをいろいろな形に変えても、左右のつり合いの水面の高さは同じでした。U字型の真ん中を高く持ち上げてW字型にしても、山の部分に水がなくなり真空になることはありませんでした。水面の表面積を異なるようにしても、左右の水面の高さは同じでした。

実験①　U字型
左右の水面の高さは同じ。

実験②　W字型
左右の水面の高さは同じ。山の部分も水で満たされている。

実験③　表面積の大小
表面積が異なっても、左右の水面の高さは同じ。

解説

　水を入れたU字型チューブの左右の水面の高さが同じになる理由を考えましょう。チューブの中の水が静止しているとき、水の各点で圧力がつり合っています。U字型チューブの最下部では左右からの圧力が等しくなっているはずです。圧力はその位置から上にある水柱の高さで決まるので、左右の水柱の高さが等しい、つまり左右の水面の高さが等しくなるのです。チューブの途中に空気が入ってしまうと、このことが成り立ちません。途中に空気が入らず液体がひとつながりになっていて、基準の高さから水深を1つに決めることができるとき、水の圧力または水圧（静圧）には次の性質があります。

POINT

ひとつながりの流体において、液体の圧力（静圧）は高さで決まる

　次にW字型の山の位置の水圧を考えましょう。図7の左右の水面の高さを基準の高さとします。チューブの水はひとつながりなので、基準の高さと同じ位置の水圧はすべて1気圧（大気圧）で、基準の高さより低い位置では1気圧よりも大きく、基準の高さより高い位置では1気圧より小さい圧力です。1気圧は $10\ mH_2O$ 水柱なので山と基準の高さの差が $10\ m$ 以上になると山の部分は真空になります。

　表面積大小の実験から、チューブ内の水圧は表面積によらないことがわかりました。大きな海でも小さな池でも、2m潜ったときの水圧は同じ2 mH_2O です！表面積の異なるU字型容器を液体で満たして表面積の小さい方を押すと、表面積の大きい方の重い物も簡単に持ちあがります。この性質を利用したのものに油圧ジャッキというものがあります。

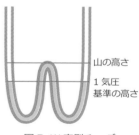
山の高さ
1気圧
基準の高さ

図7　W字型チューブ

TIPS
油圧ジャッキのしくみ
　重いものを持ち上げるときに油圧ジャッキという工具が使われることがあります。これにはU字型チューブ実験と同じ原理が使われています。表面積が異なるU字型容器が油で満たされているとき、表面積の小さい面を押すと、同じ圧力が表面積の大きい面を押します。表面積が大きい分、より大きな力で重いものを押すことができるのです。

身近な液体の話

Eureka!（わかったぞ！）

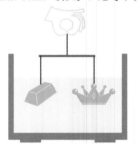

王冠を壊さずに、純金製か混ざり物かを調べることになったアルキメデス。浴槽で物体の体積の測り方を発見し、ユーリカ（わかったぞ！）と叫びながら裸で飛び出したと言われています。図のようにアルキメデスの原理を応用して、質量の等しい純金と王冠の浮力を比べることで、王冠が混ぜ物かがわかります。

図8 水中にある物体にはたらく浮力

浮力

カップ麺に湯を注ぐと中身が浮いてきます。液体中の物体にはたらく物体を浮かそうとする力を**浮力**といいます。アルキメデスは、浮力の大きさがその物体と同じ体積の液体にはたらく重力の大きさと等しいことをみつけました。気体中でも同じように浮力がはたらきます。

> **POINT**
> **アルキメデスの原理**
> **流体による浮力の大きさは、流体中にある物体と同じ体積の流体の重さに等しい**

これを式で表すと次のようになります。

浮力の大きさ＝水の密度×水中の物体の体積×重力加速度の大きさ

水中にある直方体の物体にはたらく浮力を考えましょう。図8のように、パスカルの原理より水圧は水から物体に等方的にはたらくので、水圧の向きは物体の面に垂直となります。直方体の側面の水圧は、向かい合う水圧で打ち消し合います。水圧は水深に比例するので、直方体の下の底面には上の底面よりも大きな水圧がはたらきます。上下の力を合わせて得た上向きの力が浮力です。

次に浮力の大きさを考えましょう。底面積を S、直方体の高さを h、体積を $V = Sh$、水の密度を ρ、重力加速度の大きさを g とします。上下の水圧の大きさの差は、高さ h の水柱の重さなので、ρgh となります。浮力はこの水圧の差に 底面積をかけたものなので、ρVg となります。いろいろな形でも物体を細長い直方体に分割して考えると、浮力の大きさは物体の形によらず体積で決まることがわかります。

流速と水圧

ホースで勢いよく水を撒くとき、ホースの口をぎゅっと狭くして水が通る断面を小さくします。ホースの断面を1秒間に通過する流体の体積を**流量**といいます。ホースに入る流量と出る流量は等しいので、ホースの断面積を小さくすると、1秒間あたりに通過する水の量が増えるのでホースから出る水の速さが大きくなるのです。

流量一定の関係
$A_1 \times v_1 = A_2 \times v_2$

> **POINT**
> **流量一定の関係**
> **断面積 × 流速 ＝ 変化後の断面積×変化後の流速**

血圧

血圧とは血管内の血液の圧力です。けがで血管が傷つくと出血することから、通常の血管内の圧力は1気圧よりも大きいことがわかります。血圧は1気圧よりどれだけ大きいかを mmHg で示した値です。血圧 100 というのは、動脈内の圧力が1気圧＋100 mmHg ということです。100 mmHg は約 140 cmH$_2$O の圧力です。

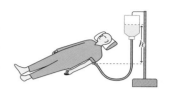

点滴
静脈への点滴は図の h が 17 cm よりも大きいことが必要です。

静脈中の血圧は最大約 12 mmHg で、このため静脈からは大出血しません。これを水柱の高さに換算すると約 16 cm となります。そのため静脈への点滴は 17 cm 以上の高低差があれば薬液が流入します。静脈は血液の循環の戻る部分であることによる利点もあり、普通は静脈に点滴を行います。

U字型チューブの実験で、水の圧力はチューブが細くても太くても、途中に山や谷があっても、太さや形に関係せず、高さで決まることを確かめました。そこで人体のある位置における血圧は高さだけで決まると単純化して、次の問題を考えてみましょう。実際は、心臓から送り出す圧力や血管壁の伸縮、弁などいろいろな要素があります。

Exercise 起立性低血圧

Q

身長 160 cm で心臓の高さ 110 cm における平均の血圧が 100 mmHg である人の頭と足の血圧を求めましょう。水銀の密度 13.6 g/cm^3、血液の密度 1.1 g/cm^3 とします。

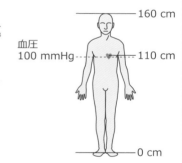

血圧
100 mmHg

160 cm
110 cm
0 cm

❶ 起立時の心臓と頭（足）の血圧の差は、その高低差で決まります。心臓と頭（足）の高低差を高さとする血液の柱による圧力は、何 mmHg になるでしょうか？頭（足）の血圧はいくらでしょうか？

❷ 横になっているときの、頭（足）の血圧はいくらでしょうか？

A

❶ 心臓と頭の高低差は 50 cm で、水銀柱に換算した高さを x cm とします。血液の柱の質量と水銀柱の質量は等しいので、次のようになります。

$$50\,(\text{cm}) \times 1\,(\text{cm}^2) \times 1.1\,(\text{g/cm}^3) = x\,(\text{cm}) \times 1\,(\text{cm}^2) \times 13.6\,(\text{g/cm}^3) \Rightarrow x = 4.0\,(\text{cm}) = 40\,(\text{mm})$$

心臓と足の高低差は 110 cm です。同様に求めると次のようになります。

$$110\,(\text{cm}) \times 1\,(\text{cm}^2) \times 1.1\,(\text{g/cm}^3) = x\,(\text{cm}) \times 1\,(\text{cm}^2) \times 13.6\,(\text{g/cm}^3) \Rightarrow x = 8.9\,(\text{cm}) = 89\,(\text{mm})$$

頭は心臓より高い位置なので圧力は小さくなるため、頭の血圧は 100 − 40 ＝ 60 mmHg となります。足は心臓より低い位置なので圧力は大きくなるため、足の血圧は 100 ＋ 89 ＝ 189 mmHg となります。朝礼で長時間起立しているときや、急に立ち上がったときなどに立ちくらみ（起立性低血圧貧血）を起こすことがあるのは、このように頭部の血圧が下がり頭部の血液循環が悪くなるためです。

❷ 横になっていれば体のどの部分でもほぼ高低差はないので、頭も足も 100 mmHg の血圧です。

サイフォン

　　サイフォンとは、管の中の液体がいったん高い位置を経由してから流出するようなしくみです。液体の圧力と流れの関係を考えましょう。

Let's discuss! サイフォンのしくみ：上っていく水！

　下の写真がサイフォンです。色水がチューブの流入口からいったん高い位置を経由して、低い位置にある出口から流出する様子です。なぜ水が上っていくのか、話し合ってみましょう。

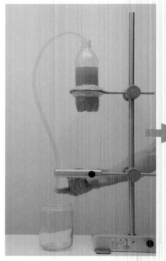 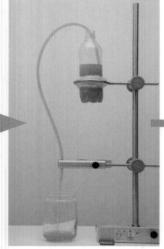 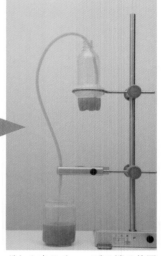

水ボトルを高く設置し、水（透明）を満たしたチューブの一端を指で押さえたまま他端をボトルに入れる。

チューブを押さえていた指を離すと、色水は一気に高い所を上って流出する。

ボトル内のチューブの端の位置まで、色水はすべて流出する。

❶ チューブ内の水圧の大きさは入口、最高点、出口でどの順番に大きいでしょうか？

　　a. 入口の水圧 ＞ 最高点の水圧 ＞ 出口の水圧
　　b. 出口の水圧 ＞ 最高点の水圧 ＞ 入口の水圧
　　c. 出口の水圧 ＞ 入口の水圧 ＞ 最高点の水圧

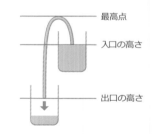

最高点
入口の高さ
出口の高さ

❷ 入口と最高点までの水にはたらく力の向きはどちらでしょうか？

❸ 入口から最高点までの水は、❷の力によってどちらに動くでしょうか？

Skit!

水槽の水を外に流すのに、こんな風にしてたっけ！

ホースに水を入れないでただ水槽に入れただけでは、水が流れなかったの。

どうして水が高い所に上っていくのかなぁ？

 これまでの実験の結果を思い出して考えてみよう。

医療漫画『JIN―仁―』にはサイフォンの原理を利用した胃洗浄の様子が描かれています。毒を飲んでしまった皇女和宮の胃から、仁先生はサイフォンの原理を用いてメスを入れることなく毒を洗い流しました。それでは、仁先生になって胃洗浄をしてみましょう。

Let's try
胃洗浄実験：胃の中を洗浄しよう！

準備

- 実験道具 -
漏斗付きチューブ
（U字型チューブ実験
でつくったもの）、
ペットボトル2本
（大きいもの1つ
小さいもの1つ）、
着色用の絵の具、
白衣

胃の中の毒を洗浄するのに、胃を逆さにして振ってみることはできません。さあ、どうしたらよいでしょうか？

> **実験のポイント！**
> ※洗浄液と胃の中の毒を示す色水を作っておく。
> ※白衣があると色水が見やすい。毒と洗浄液は違う色にして、混ざった後も違いのわかる色にするとよい。
> ※チューブを水で満たすことがポイントです。

実験手順

①

先生役の人は、高い位置に漏斗付きチューブを持ちます。患者役の人は、毒の入った胃に見立てたボトルを胃の位置に置きます。

②

洗浄液を漏斗から注ぎます。漏斗付きチューブを通して洗浄液が胃に見立てたボトルに入っていきます。

③

チューブが洗浄液で満たされている状態で素早く漏斗を胃よりも下の位置に下げましょう。洗浄液と毒の混ざった液体が漏斗側に戻ります。

3-2 液体の圧力

結果

　　洗浄液（青）を胃に入れたとき、チューブの中の水がひとつながりに満たされていれば、胃の中の毒（橙）と混ざった水（紫）を排出することができました。出口が入口よりも高いと出口で水が排出されず、出口を入口より低くすることが必要でした。

　　胃洗浄の実験結果を次の3ステップで説明します。

① 洗浄液の流入
・胃よりも高い位置から洗浄液を入れると、チューブ内の液体がひとつながりになり、胃の中に流入する。

② 漏斗を下げる
・胃の中は、毒（橙）と洗浄液（青）が混ざり色が変わっている（紫）。
・洗浄液（青）が " ひとつながり " になっている間に、漏斗を胃よりも低く下げる。

③ 排液
・流入のときとは逆に、チューブから漏斗に向かって、毒と混ざった水（紫）が排出される。
・胃の中の液（紫）がほとんどなくなり、最後にチューブの中に気泡と共に排出される。胃の中は空になった。

解説

　　これまでみてきた水の高さと水圧の関係や流速と圧力の関係は**ベルヌーイの定理**としてまとめられます。高低差による圧力と流速による動圧についてのベルヌーイの定理は次の通りです。

> **POINT**
> ベルヌーイの定理
> ひとつながりの流体の各点で、静圧と動圧と高低差による圧力の和が一定である。
>
> 静圧 ＋ 動圧 ＋ 高低差圧力 ＝ 一定

サイフォンのしくみをベルヌーイの定理で説明してみましょう。静圧を p、流体の密度を ρ、流速を v、高低差を h、重力加速度の大きさを g とすると、次のようになります。

$$p + \frac{1}{2}\rho v^2 + \rho gh = 一定$$

これを、サイフォンに応用してみましょう。図9のように流体の流れに沿って番号をつけます。入口のチューブ直前を点1、入口のチューブ内を点2、最高点を点3、入口と同じ高さを点4、出口を点5とします。入口と最高点の高低差を a、入口と出口の高低差を b とします。各点の静圧を p_1、p_2、p_3、p_4、p_5 とします。

密度は変化しないでチューブの中を同じ速さ v で流れるとします。入口1と出口5の静圧は1気圧（p_0）と等しい $p_1 = p_0 = p_5$ と考えられます。各点の合計の圧力は次のようになります。

合計の圧力

点1：p_0

点2：$p_2 + \frac{1}{2}\rho v^2$

点3：$p_3 + \frac{1}{2}\rho v^2 + \rho ga$

点4：$p_4 + \frac{1}{2}\rho v^2$

点5：$p_0 + \frac{1}{2}\rho v^2 - \rho gb$

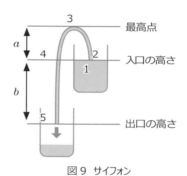

図9 サイフォン

ベルヌーイの定理によりこれらの圧力はすべて等しい値です。点1と点5の関係から $v^2 = 2gb$ となり、流速は入口と出口の高低差だけで決まります。点2から点4の静圧も決まります。

$$p_2 = p_4 = p_0 - \rho gb, \qquad p_3 = p_0 - \rho g\,(a + b)$$

静圧が大きい順に、$p_1 = p_5 > p_2 = p_4 > p_3$ となります。力は圧力の大きい方から小さい方へはたらくので、$p_2 > p_3$ より点2（下）から点3（上）へ力がはたらきます。ひとたび水が上ると、静圧による力と重力が打ち消し合い、一定の流速で流出し続けます。つまりサイフォンは大気中でなくとも、真空においても（水が蒸発しなければ）重力さえあれば動きます。

このようなしくみのサイフォンは石油をストーブに入れる石油ポンプや、トイレの排水、ダムの取水などいろいろな所に利用されています。

石油ポンプ

3-3 熱とエネルギー

温度と熱

花粉（左）とそこから出た微粒子の顕微鏡写真です。微粒子が盛んに動き回っている様子が観察できます。なぜ動いているのでしょうか？これが熱の正体と関係しています。まずものの温まりやすさを考えてみましょう。

Let's discuss!
温まりやすいのはどれかな？

寒い冬の朝、霜柱が立っていることがあります。太陽に照らされると、地面の温度が上がり霜柱は解けます。鉄くぎを熱し続けると、温度が上がるにつれ赤・橙・黄となっていきます。ものを加熱すると、ものの温度が上がります。

では同じ質量の a. 水 b. 油 c. 金属 を同じ火力で同じ時間加熱したとき、熱くなるのはどの順番でしょうか？水や油をフライパンで火にかけた直後に水と油の温度がどうなるかなど、経験に基づいて話し合ってみましょう。もしも金属の塊をフライパンの上で加熱したとすると、水や油に比べてどのような違いがあるでしょうか。

❶ 同じ質量の水と油と金属を同じ火力で加熱したとき、温度の上昇が大きいのはどの順番でしょうか？

❷ 水などの質量を倍に増やしたとき、増やす前のものと比べて同じ温度に温めるにはどうすればよいでしょうか？

霜柱

熱した鉄くぎ

a. 水

b. 油

c. 金属

解説

　火にかけたフライパンはすぐ熱くなりますが、中の水はすぐに熱くはなりません。このことから、金属は温まりやすく水は温まりにくいと考えられます。調理するとわかるように同じ時間で油と水を比べるとすぐに熱くなるのは油なので、油は水よりも温まりやすいと考えられます。❶同じ火力で加熱したときに温度変化の大きいのは、金属＞油＞水の順番となります。温度を変化させるものを**熱**といい、その量を**熱量**といいます。❷で水などの質量を倍に増やして同じ温度にするには、倍の熱量が必要となります。熱量はエネルギーのひとつの形態で、その単位は**ジュール**（J）です。

　熱量と温度変化は比例します。物質の温度を 1 ℃上げるのに必要な熱量を**熱容量**といいます。物質の質量が大きいと、熱容量が大きくなります。温度の単位は絶対温度の単位である**ケルビン**（K）で、熱容量の単位は J/K です。

熱量 ＝ 熱容量 × 温度変化

　また熱量は物質の質量に比例しています。物質 1 g の温度を 1 ℃（K）上げるために必要な熱量を**比熱**といいます。比熱の単位は J/(g・K) です。

熱量 ＝ 質量 × 比熱 × 温度変化

質量 m、比熱 c の物質の温度を ΔT 変化させるのに必要な熱量 Q は、次のようになります。

$$Q = mc\,\Delta T$$

同じ条件で加熱して同じ熱量 Q を得ても、物質によって温度変化 ΔT が異なるのは、物質によって異なる比熱を持つためです。右の表のように、鉄の比熱は約 0.5 J/(g・K) で小さく、水の比熱は 4.2 J/(g・K) と非常に大きく、油はその間の 2.0 J/(g・K) です。

information

様々な物質の比熱

物質により比熱の値は異なります。つまり、温まりやすさが異なるのです。

物質（温度）	物質の比熱 [J/(g・K)]
水（0℃）	4.24
菜種油（20℃）	2.04
金（25℃）	0.128
銀（25℃）	0.235
銅（25℃）	0.384
鉄（25℃）	0.448

（出典：飯田修一他編『新編物理定数表』朝倉書店 (1978)）

　加熱しても物質の温度が上がらない場合があります。氷を加熱しても、氷がとけ始めてからすべて水になるまで温度は上がりません。また湯を加熱しても、湯が沸騰し始めてからすべて水蒸気になるまで温度は上がりません。このように固体から液体、液体から気体の状態になるのに熱が使われる間は、温度が変化しません。このような状態の変化に使われる熱を**潜熱**といいます。

　水 1 g の温度を 1 ℃上げるために必要な熱量の値を **1 カロリー（cal）**といい、日常よく使われています。1 cal のエネルギーは約 4.2 J です。栄養学で用いられる kcal の単位は、1 kcal が 1 L の水の温度を 1 ℃上げるために必要な熱量です。ご飯 1 膳は約 250 kcal というように、摂取する食物から得られる熱量や、運動や基礎代謝によって消費される熱量を kcal で表します。

熱平衡と熱量の保存

　温度の異なる物体を混ぜるとどうなるでしょうか？熱い金属と冷たい水を混ぜると、その中間の温度になります。高温の物質から低温の物質に熱が移動し、やがて等しい温度となります。それ以上変化しない状態を**熱平衡**といいます。このとき外部への熱の出入りがなければ、高温側の物質が失った熱量と、低温側の物質が得た熱量が等しくなります。これを**熱量の保存**といいます。

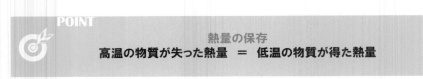

POINT

熱量の保存
高温の物質が失った熱量 ＝ 低温の物質が得た熱量

mini-exercise
85 ℃の鉄の塊 160 g を 10 ℃の水 100 g に入れると、全体の温度は何度になるか？水と鉄の比熱をそれぞれ 4.2 J/(g・K)、0.5 J/(g・K) として求めよう。
（22℃）

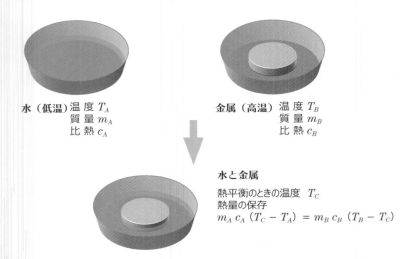

水（低温） 温度 T_A
質量 m_A
比熱 c_A

金属（高温） 温度 T_B
質量 m_B
比熱 c_B

水と金属
熱平衡のときの温度　T_C
熱量の保存
$m_A c_A (T_C - T_A) = m_B c_B (T_B - T_C)$

冷たい水と熱い金属を混ぜて熱平衡となる温度は、それぞれの温度差と比熱と質量で決まります。

熱量とエネルギー

　湯を沸かすときの熱のやり取りを考えましょう。ガスコンロで水を加熱する場合、ガスを燃焼させて発生する熱量を水が得ます。電気ケトルで湯を沸かす場合はどうでしょうか？電気ケトルが電力を消費することで失ったエネルギーと水が得る熱量はどのような関係でしょうか？

Let's try
湯沸かし実験

電気ケトルで湯を沸かして消費した電気エネルギーと、水が得た熱量を比べましょう。

準備

- 実験道具 -
電気ケトル、計量カップ、
温度計、ストップウォッチ

実験手順

①

500 cc（g）の水を電気ケトルに入れ、温度を測りましょう。

②

500 cc（g）の水を電気ケトルに入れ、温度を測りましょう。

電源を入れた瞬間から沸騰するまでの時間をストップウォッチで測りましょう。

③

沸騰したらスイッチを切り、温度を測りましょう。

実験のポイント！
※電気ケトルの裏等に表示されている定格消費電力を記録しましょう。これが 1 秒間に電気ケトルが消費する電気エネルギーです。次の量を求めて、比べましょう。
・電気ケトルが消費した電気エネルギー
・水が得た熱量

結果

　温度 25.3 ℃、500 g の水が l00.0 ℃で沸騰するまでに 2.5 分かかりました。電気ケトルの消費電力表示は 1250 W でした。

解説

　電気ケトルのスイッチを入れると、内臓されている電熱線に電流が流れます。電流は、熱を発生させたりモーターを動かしてほかの物体に仕事をしたりするので、エネルギーを持つと考えられます。このように電流が持つエネルギーを**電気エネルギー**といいます。ジュールが電熱線などで消費された電気エネルギーが電熱線の発熱量に対応することをジュールがみつけたので、電熱線による発熱量を**ジュール熱**といいます。

　消費した電気エネルギーは、消費電力と使用時間の積で与えられます。電気ケトルで消費して失った電気エネルギーと、水が得た熱量を計算して比べてみましょう。

T I P S
ワット

　電力の単位は**ワット**（W）です。1 V の電圧で 1 A の電流が流れる回路で 1 秒間に消費された電力が 1 W です。1 W は 1 秒あたりに 1 J に等しいエネルギーを生じさせる仕事なので W は仕事率の単位でもあります。

ジュールの実験　　**検索**　電熱線による発熱量と電流、電圧、時間を関係付けたジュールの実験について調べてみましょう！

(出典：Henry Roscoe, "The Life & Experiences of Sir Henry Enfield Roscoe" (Macmillan: London and New York), p. 120)
ジェームス・P・ジュール
(James Prescott Joule, 1818-1889)
イギリスの物理学者・数学者。ジュールの法則、熱と力学的仕事の関係を明らかにするなど、熱力学に大きく貢献した。

消費電力は単位時間当たりの消費エネルギーなので、湯が沸くのにかかった時間（秒）をかければ、消費された電気エネルギーが求められます。

電気ケトルが消費した電気エネルギー(J)＝消費電力(W)×時間(s)

水が湯になるとき、温度変化と水の質量に比例した熱量を受け取っています。水の比熱は 4.2 J/(g・K) なので、水の質量と比熱と水と湯の温度差の積が、水が受け取った熱量となります。

水が得た熱量(J)＝水の質量（g）× 4.2(J/(g・K))×温度変化(K)

それぞれの熱量を計算すると次のようになりました。

電気ケトルが消費した電気エネルギー
$$= 1{,}250(W) \times (2.5 \times 60)(s) = 1.9 \times 10^5(J)$$
水が得た熱量
$$= 500(g) \times 4.2(J/(g \cdot K)) \times (100.0 - 25.3)(K) = 1.6 \times 10^5(J)$$

電気ケトルが消費した電気エネルギーと水が得た熱量はほぼ等しいことがわかります。電気ケトルが消費したエネルギーと水に与えたエネルギーの差、0.3×10^5（J）のエネルギーは、電気ケトル本体や周りの温度を上げたり電熱線以外の回路の抵抗で失われたのです。このように電気エネルギーは熱量というエネルギーに形を変えたのです。

電気エネルギーが熱エネルギーに変わることをみたように、エネルギーは互いに移り変わることができます。力学的エネルギーが熱になったり、逆に熱エネルギーが電気エネルギーになることもあります。自然現象の中でいろいろなエネルギーが形を変えていますが、その総量は変わりません。これがエネルギー保存則です。

気体分子の熱運動

　左の写真は、温度の正体に迫るものです。植物学者ブラウン（1773-1858、イギリス）は、植物の生命現象の研究のために花粉を顕微鏡で観察していたとき、花粉の中から出てきた微粒子が激しく不規則に動くことを発見しました。岩石や金属の粉末も微粒子と同様に動くことから、この運動は生命と無関係で微粒子の周りの水による運動だと結論付けました。この微粒子の運動を**ブラウン運動**といいます。

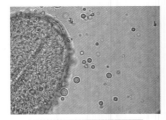

ユリズイセンの花粉と花粉から出た微粒子（上）。ユリズイセンの花（下）。1828 年の論文によると、ブラウン運動を発見したときの花粉は、月見草に似ているホソバノサンジソウです。

　ブラウン運動は微粒子のまわりの水や空気などの媒質の温度によって変わります。水や空気は原子や分子と呼ばれる、花粉から出た微粒子よりも小さな粒子で構成されています。特別な力が与えられなくても原子や分子は乱雑に運動し続けています。この原子や分子の運動を**熱運動**といいます。媒質の温度が高い方が、原子や分子の熱運動が激しくなります。原子や分子が不規則に微粒子に衝突することでブラウン運動は激しくなります。原子や分子の熱運動の激しさが、温度として測定されているのです。

　それでは熱運動の視点から第 1 節でみた気体の性質を考えてみましょう。

Let's discuss! 空気分子の謎

　空気分子は熱運動しているといいます。第 1 節では空気の重さを測りました。空中を動きまわる空気分子の重さを測れるのでしょうか？測った空気の重さとは何だったのでしょうか？

❶ 空中を舞う花びらもいつかは落下するように空気分子もいつかは落下して地表で静止して集まるのでしょうか？空気分子はなぜ空中を動きまわっているのでしょうか？

❷ 空中を動きまわっている空気分子の重さとはなんでしょうか？第1節で測った空気の重さとは、何を測ったのでしょうか？

❶ 空気分子は熱運動をしています。空気分子も重力を受けていますが、下向きに動くだけでなく、いろいろな向きに動いています。空気分子は熱運動の運動エネルギーを持っており、大きな速さを持っています。そのため空気分子は乱雑に動き続け、静止せず落下しません。温度が低くなると熱運動の激しさが失われていきます。分子の熱運動が止まる温度が絶対零度です。

気体分子の衝突と壁が受ける圧力

❷ 右図のように、ボトル容器の壁も熱運動する分子の衝突を受けています。気体分子がある壁に衝突すると、壁に力がはたらきます。1 つ 1 つの分子の衝突による力は小さいのですが、たくさんの分子が衝突することで大きな力となります。壁の単位面積あたりにはたらくこの力の大きさが気体の圧力です。

　空気分子には重力がはたらいているので、右図のようにボトル容器の上下の壁に衝突する空気分子の平均の速さは重力によって下の方が大きくなります。ボトル容器の下の壁の圧力から上の壁の圧力をひいた大きさがはかりで測った重さに対応します[3]。空気分子をたくさん詰め込むと、同じ時間当たりにたくさん衝突するので、はかりの重さが大きくなります。

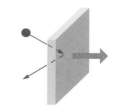

容器の上下の壁が受ける圧力

[3] 『だれが原子をみたか』江沢 洋 岩波書店

気体の状態方程式

　第 1 節でみた気体の圧力、体積、温度の関係を気体分子の熱運動の視点から考えてみましょう。気体分子は左図のような熱運動をしているので、運動エネルギーを持っています。気体を温めるのに熱量を与えると、気体分子が受け取った熱量は運動エネルギーに形を変え、気体分子の平均の速さが大きくなり熱運動がより激しくなります。温度は熱運動の大きさを表す量で、気体分子の運動エネルギーの大きさに対応します。圧力は気体分子の衝突によるものです。

　気体の体積は圧力に反比例し絶対温度に比例するというボイル・シャルルの法則があります。この p.67 の式を次のように書き換えてみましょう。

ボイル・シャルルの法則：　圧力×体積＝定数×絶対温度

この右辺にある定数の値は決まっていませんでしたが、気体分子の個数を考慮すると決めることができます。気体分子の熱運動は、気体分子の個数が増えると運動エネルギーの総和が大きくなり、熱運動も激しくなります。

　気体分子の個数は非常に大きいので、**アボガドロ定数**個を **1 モル（mol）** とする単位で表します。アボガドロ定数は約 6.02×10^{23} です。分子や原子の数を**物質量**といい、単位はモル（mol）で表します。1 モルの物質の質量は、その物質の原子量または分子量にグラム（g）をつけたものです。

　ボイル・シャルルの法則の定数は、物質量 n モルと**気体定数** R の積となります。気体定数は約 8.31 J/(mol・K) です。これらを用いた次の関係式を**理想気体の状態方程式**といいます。

直進運動

回転運動

振動

気体分子の熱運動
直進運動と回転運動がある。
わずかだが振動の運動もある。

T I P S
アボガドロ定数
　アボガドロ定数は物質量 1mol を構成する粒子の個数を示す定数として、正確に
$N_A = 6.02214076 \times 10^{23}$ (1/mol) として定義されています。

POINT

理想気体の状態方程式
圧力 × 体積 ＝ 物質量 × 気体定数 × 温度

圧力を p、体積を V、絶対温度を T とすると上の関係は

$$pV = nRT$$

となります。気体は分子の間の平均的な距離が大きく分子の間に力がほとんどはたらかないため、気体の温度と体積と圧力は気体の種類によらずに決まります。分子間の力が無視できる気体を理想気体といいます。現実の気体は分子間の力がはたらいているのですが、室温付近ではよい近似で成り立つことが知られています。

Exercise
理想気体の状態方程式

Q

体積 1 m³ 大きな紙風船の中に、1 気圧、絶対温度 300 K（27 ℃）の理想気体が入っています。

❶ この理想気体の物質量は何 mol でしょうか？ただし、気体定数を 8.3 J/(mol・K)とします。

❷ この理想気体がヘリウムだとすると、質量は何 g になるでしょうか？ ヘリウム 1 mol の質量を 4 g とします。

❸ 体積 1 m³ の空気の質量は約 1.3 kg です。空気の中にヘリウム入りの紙風船を置くとどうなるでしょうか？

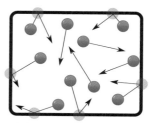

理想気体の気体分子の熱運動

A

❶ 紙風船の中の理想気体の状態方程式を考えましょう。圧力は、1 気圧で 1×10^5（Pa）で、体積は 1 m³ です。物質量を n（mol）として、絶対温度は 300 K なので、状態方程式は次のようになります。

$$1 \times 10^5 (\text{Pa}) \times 1 (\text{m}^3) = n (\text{mol}) \times 8.3 (\text{J}/(\text{mol} \cdot \text{K})) \times 300 (\text{K})$$

これから物質量 n を求めると、 $n = 40.2$（mol）となります。物質量は 40.2 mol です。

❷ この理想気体がヘリウムだとすると、ヘリウム 1 mol の質量が 4 g なので、40.2 mol の質量は次のようになります。

$$40.2 (\text{mol}) \times 4 (\text{g}) = 160.8 (\text{g})$$

❸ ヘリウムの質量は約 0.16 kg 、空気は 1.3 kg なので、ヘリウムは空気よりとても軽いことがわかります。空気の中のヘリウム入りの紙風船にはアルキメデスの原理による浮力がはたらくので、浮かび上がるのです。

Column
ガリレオ温度計

　右の写真で、水の温度によって 3 色のガラスドームが沈んだり浮いたりしています。3 色のガラスドームには、異なる量のビーズが入っています。水の温度は左から順に 36.9 ℃、18.8 ℃、6.0 ℃です。水の温度によって水の密度が変化します。左端の水の温度が最も高く、水の密度が最も小さくなっています。ガラスドームの体積を占める水の重さが小さくなって浮力が小さくなったため、ガラスドームが沈んでいるのです。右端は水の温度が最も低く、体積が小さく、密度が大きくなり、浮力が大きくなったため 3 色のガラスドームが浮かんでいます。

　液体や固体でも、身のまわりの物質は温度によって体積が変化します。温めると膨張する性質を熱膨張といいます。容器に液体を入れいくつかの質量の異なるおもりを浮かべると、液体の密度は温度によって決まるので、おもりの質量によって浮かんだり沈んだりします。液体の密度が温度によって変化することをガリレオが発見したことから、ガリレオ温度計と呼ばれます。アルコール温度計や水銀温度計はアルコールや水銀の熱膨張を利用しています。

物質の三態

　氷を加熱すると解けて水となり、さらに加熱すると沸騰して水蒸気になります。一般に、物質には固体、液体、気体の 3 つの状態があります。これを**物質の三態**といいます。固体では、物質を構成する粒子がしっかりと結合してそのつり合いの位置を中心に振動しています。液体では、粒子はほぼ一定の距離を保ちながら熱運動をしています。気体では、粒子が乱雑に熱運動していて、体積は固体や液体に比べてとても大きくなります。

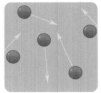

固体
分子間の距離が小さく、分子はつり合いの位置にほぼ固定され、わずかに熱運動しています。

液体
分子間の距離をほぼ一定に保ちながら動き、固体より激しく熱運動をしています。

気体
分子間の距離は非常に大きくなっています。熱運動は激しく、分子は空間を自由に飛びまわっています。

Column 雲ができる過程

海上の空に浮かぶ積乱雲。初夏、小笠原諸島近海で船上から撮影した写真です。海上で温められた水蒸気を含む空気が上昇して、高度が上がると気圧が下がり、上昇した空気は膨張して温度が下がります。すると、水蒸気が水滴や小さい氷の結晶となり、これらが集まって雲となります。水滴や氷になり始める高さが雲底（雲の底）となります。さらに上昇気流が止まらず上昇して、氷の結晶ができます。上空の温度と上昇してきた空気の温度が等しくなると上昇が止まり、この高さが雲頂（雲の頂上）となります。

　左の写真の黄色く固まれた部分を見比べて下さい。発射前のペットボトルには少しの水と 8 気圧以上の空気が入っていました。発射後一気に水と空気が噴出し、圧縮されていた水を含んだ空気の体積が膨張します。すると、急激に温度が下がりペットボトルが一瞬で霧に満たされ白くなったのです。これは雲ができる原理と同じものです。

1

床に置かれた 1 辺 10 cm の正方形のタイルに 3 kg のおもりを乗せた場合と、1 辺 1 m の正方形のタイルに 30 kg のおもりを乗せた場合では、どちらのタイルにかかる圧力が何倍大きいか？それぞれが何 Pa の圧力か。ただし重力加速度の大きさを 10 m/s^2 とする。

2

一定量の気体の圧力が 1.5 × 10^5 Pa、体積が 0.6 m^3 であった。温度を変えずに体積を 0.9 m^3 にすると圧力は何 Pa になるか。

3

キリンの脳が心臓より 2 m 高い位置にあるとき、心臓と脳の血圧の差は何 mmHg か。血流速度は一定とする。水銀の密度は水の 13.6 倍であり、血液の密度は水の密度の 1.06 倍だとする。

4

98 ℃の湯 500 g を 26 ℃の水 100 g で冷ますと、何℃になるか？この時、湯が水に与えた熱量は何 J か？ただし、水の比熱を 4.2 J/(g·K) とせよ。

5

底面積が 1.0 × 10^{-2} m^2 で密度が一様な直方体が水面に浮かんでいる。水中に沈んでいる部分の高さが 5.0 × 10^{-2} m であるとき、この直方体の質量はいくらか。ただし、水の密度は 1.0 × 10^3 kg/m^3 とする。
（2015 年公務員試験改）

6

500 mL のペットボトルに入っている空気分子の数はいくらか。1 気圧を 1 × 10^5 Pa、温度は 27 ℃つまり絶対温度 300 K として求めよ。ただし、気体定数を 8 J/(mol・K)、アボガドロ定数を 6 × 10^{23} とする。

7

大型台風の気圧が 900 hPa であったとき、この気圧の大きさは何 mH$_2$O か、それは何 mmHg か？ただし、1 hPa = 100 Pa、水の密度を 1.0 × 10^3 kg/m^3、水銀の密度は 14 × 10^3 kg/m^3、重力加速度の大きさを 10 m/s^2 とする。

1

同じ質量の水とアルミニウムの塊がある。10 ℃の水を 90 ℃に温める熱量をアルミニウムの塊に与えると、アルミニウムの温度は何度上昇するか？ただし、水の比熱を 4.2 J/(g・K)、アルミニウムの比熱を 0.9 J/(g・K) とする。

2

図のように大小の異なる断面積を持つ容器が管でつながっている。ここに水を入れてその上のピストンにおもりをのせる。左右の水面の高さがつり合うようにするには、左右のおもりの重さはどのような関係を満たさなければならないか。容器の断面積をそれぞれ A と B とし、左右のおもりの重さをそれぞれ M と N とする。

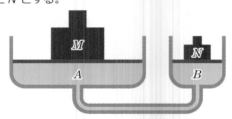

3

図のように水平に置かれたホースに一定の速さの水が矢印の向きに流れている。ホースの中央と右端を押して断面積を $\frac{1}{10}$ にした。ホースの右端から出る水の速さはそれぞれもとの速さの何倍になるか？

4

容器を密閉する蓋にストローを通し、容器に下図のように水を入れて蓋をする。容器の横に穴を開けると、穴から流出する水の量が一定になる。このようなしくみを持つ容器をマリオットの瓶という。図のようにストローの下とそこから上下 5 cm ずつの高さにおける圧力 P_1、P_2、P_3 はいくらか。ただし、大気圧を P_0 とし、圧力の単位に cmH₂O を用いよ。

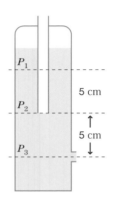

5

図のような水熱量計の銅製容器と銅製かくはん棒の質量は合計 120 g であった。容器に水 160 g を入れ温度を測ったら 20.8 ℃で一定になった。次に 100 ℃に熱した質量 80 g の金属球を入れ、よくかき混ぜたところ、水温は 28.0 ℃で一定になった。水と銅の比熱はそれぞれ 4.2 J/(g・K)、0.38 J/(g・K) として、銅製容器と銅製かくはん棒の熱容量と金属球の比熱を求めよ。

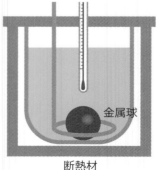

物の振動と音はどう関係するのだろう？

音叉をたたいて音を出したまま水面につけると、水しぶきが飛び散ります。
音叉の振動は、水面を蹴散らす一方で、音として空気を伝わります。
水の波、音の波、光の波など身のまわりにはいろいろな波があります。
この章では波の性質について学び、音や光の不思議を明らかにしていきましょう。

波

第4章

4-1
波の性質

ひとつの方向に伝わる波

　　　カモのまわりに円の模様が広がっていきます。動く模様は何が伝わっているのでしょうか？まずひとつの方向に伝わるロープの揺れをみていきましょう。

ゆらして作るロープの山の形は伝わるかな？

Let's discuss!

　　床にロープを置き、ロープの両端を2人で持ちます。ロープの一端を素早く上下に大きく揺らすと、左の写真のように山の形が動いていきました。ボールが動いていくのと何が違うのでしょうか？写真を見て話し合ってみましょう。

❶ 山の形が動いていくのは、何が伝わっているのでしょうか？

❷ ロープの1か所に注目すると、その1か所はどのような動きをしているのでしょうか？

◀図1
ロープの山の形が伝わる様子

❶ ロープの一端を上下に大きく揺らすと山の形ができ、山の形は他方の端に向かって動いていきます。ロープの両端の位置は変わらないので、伝わっているのはロープ自体ではなく、山の形になるロープの揺れです。

❷ ロープの1か所に注目すると、山が伝わってくるとロープの位置が高くなり、その後もとに戻ることがわかります。

このように物質そのものが進むのでなく、揺れや変形が次々と伝わっていく現象を**波（波動）**といいます。波を伝える物質を**媒質**といい、ロープの高さのような位置の変化を**変位**といいます。ロープを上下に揺らして波を作った端の部分など、波の発生した位置を**波源**といいます。

図1のように波源を1回だけ揺らしてできる孤立した波を**パルス波**といいます。一方、波源を揺らし続けて連続的に山と谷が伝わるような波を**連続波**といいます。波源を規則正しく振動させると、同じ形をした山と谷の波が周期的に発生して伝わっていきます。繰り返す波が再び同じ位置で同じ形になるまでの一定の時間を**周期**といいます。1秒間に繰り返す波の回数を**振動数**といい、1秒間に f 回振動するときの振動数を f **ヘルツ (Hz)** といいます。振動数は1秒間に周期が何個入るかということなので、振動数と周期の間には次の関係があります。

POINT

$$振動数 = \frac{1}{周期} \quad または \quad 周期 = \frac{1}{振動数}$$

図2のような周期的な波において、揺れのない基準の位置から山の最も高い位置までの高さ、あるいは基準の位置から谷の最も深い位置までの深さを波の**振幅**といいます。隣り合う山と山の間の長さを**波長**といいます。

波の形が伝わるときの速さを**波の速さ**といいます。1回の波で1波長だけ進み、1秒間に振動数の回数だけ振動するので、波の速さは波長と振動数の積で与えられます。

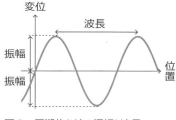

図2　周期的な波の振幅と波長

波の速さ＝波長×振動数

それでは波の動く様子をわかりやすく観察できる装置「ウェーブマシン」を作って、波の伝わる様子と反射の様子を観察しましょう。

Let's try
波の反射実験：ウェーブマシンを作ろう！

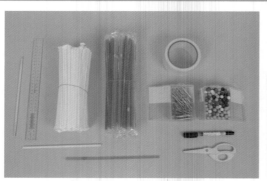

ウェーブマシンを作って、波が反射するのか実験しましょう。波の衝突の様子も観察するためにここでは180 cmの大きなウェーブマシンを少し手間をかけて作りますが、波の伝わる様子の観察のみなら90 cmくらいにすると簡単です。

準備

- 材料 -
25 cmストロー 90本、21 cmストロー 90本、
5 cm幅粘着布テープ、5 cmクリップ 180個、
丸ピン180個、
定規、はさみ、ペン、割りばし、接着剤

① 25 cmストローの曲がる部分の蛇腹を伸ばす。21 cmストロー全体に縦の切れ目を入れ、長いストローの中央にバランスよく挿入する。

② ①で作ったストローの中心から2.5 cmずらした位置（粘着布テープの幅の半分）にペンで印をつける。

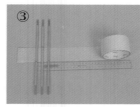

③ 粘着布テープの端を10 cm程度折り返し床に固定する。ストローの印と粘着布テープの端を合わせ、1.5 cmずつ間隔を空けて並べる。ストローの幅が0.5 cmで、90本並べると180 cmになる。ストローの蛇腹の位置が交互になるようにする。180 cmを3回に分けて貼り付けていくと作業しやすい。

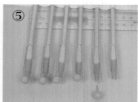

④ 粘着布テープの上にストローを並べその上から粘着布テープを貼る。ストローの側面に沿って丁寧に貼り付けていく。

⑤ ストローの両脇にクリップを差し込み、丸ピンの針がストローの中に納まるように斜めに差し込む。丸ピンを接着剤で固定する。

⑥ 180 cmのテープの両端に持ち手となる割りばしをつける。

作るポイント！
波が伝わる速さはストローの両脇のおもりの重さで決まります。約2 g（ゼムクリップと丸ピンで 合計1.8 g）で見やすい速さになります。 おもりとして粘土なども使えます。

実験手順

2人でウェーブマシンの両端の持ち手を持ち、1人の人がストローの端を勢いよく押し下げて離すように揺らしましょう。ストローの傾きが他端に伝わっていきます。これが他端に到達するとどうなるでしょうか？他端のストローが揺れないように押さえる場合と、押さえない場合を比べてみましょう。

結果

　写真の左の人がウェーブマシンの写真奥側のストローを上から押し下げて手前に山を作ると、山が右に進んでいきました。テープの下側が見えているところを山とし、上側が見えているところを谷とします。右の人はストローが揺れないように固定しています。このとき山が他端に届くと**反射**して谷が左に進みました。

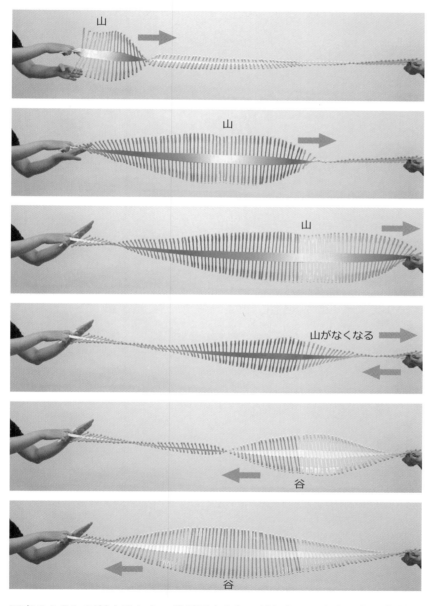

写真のように反射するとき、端が固定されて揺れないような反射の条件を**固定端反射**といいます。反射するときに端の揺れが自由である条件を**自由端反射**といい、反射後も山が左に進みます。

＊ウェーブマシンの作り方と実験の様子は YouTube チャンネル :Wabi-Sabi Physics Lab. で見ることができます。

波もボールのように跳ね返ることがわかりました。それでは2つの波を衝突させるとどうなるのでしょうか？2個のボールの衝突と同じように跳ね返るのでしょうか？

Let's discuss!
波の衝突実験：波はボールと同じかな？

両側から2つの波を衝突させると、ボールのように跳ね返るのでしょうか？山と山の衝突後、山と谷の衝突後、波はどのようになるでしょうか？山同士の衝突では、衝突後に跳ね返っても素通りしても違いがわかりませんが、山と谷だと衝突後の進む向きが明らかとなります。波とはどのようなものかを考えて話し合いましょう。予想してから、ウェーブマシンで確かめましょう。

❶ 山と山が衝突するとき、山の高さはどうなるでしょうか？（図3左）

        a. ひとつ分の山の高さ   b. 2つの山の高さの和   c. 2つの山の高さの差（高さゼロ）

❷ 山と谷が衝突するとき、山の高さはどうなるでしょうか？（図3右）

        a. ひとつの山の高さになったり、ひとつの谷の高さになったりする
        b. 山と谷の高さの和（高さゼロ）

❸ 衝突後、山と谷はどうなるでしょうか？

        a. ボールのように跳ね返って進む   b. 波が消滅する   c. 進んできた向きにそのまま進む

山と山の衝突   **山と谷の衝突**

図3　波の衝突

解説

山と山が衝突する位置で、変位がb.の2つの山の高さの和になります（図4左）。山と谷の衝突の位置ではb.の山と谷が打ち消し合って変位がゼロとなります（図4中央）。山と谷の衝突後、何事もなかったようにc.の通り抜けてそのまま進みます（図4右）。

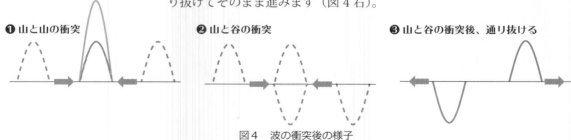

❶山と山の衝突   **❷山と谷の衝突**   **❸山と谷の衝突後、通り抜ける**

図4　波の衝突後の様子

2つの波が衝突した位置では2つの波の変位の和となり、衝突後は通り抜けて進んできた向きに進みます。これを、**波の重ね合わせの原理**といいます。

POINT

波の重ね合わせの原理　波の変位は重ね合わせられる

ウェーブマシンによる波の衝突実験の様子は下の写真のようになります。
写真の奥側のストローが高くなりテープの上側が白く見えているところを
山とし、テープの下側が灰色に見えているところを谷と呼ぶことにします。
左が山と山の衝突、右が山と谷の衝突です。

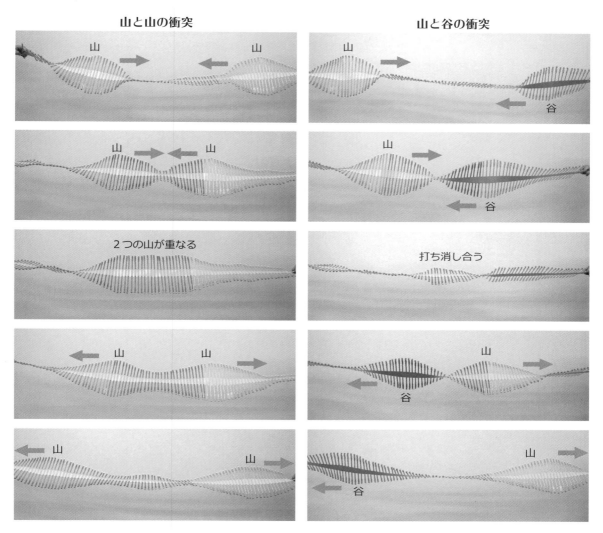

波の衝突の位置では、山同士の衝突では打ち消し合うことなく大きな変
位のままであるのに対して、山と谷の衝突ではそれらが打ち消し合って変
位が非常に小さくなっていることがわかります。衝突後、山と谷は進んで
きたままの向きに進んでいることもわかります。このように、波の衝突に
おいて、波の変位は重ね合わされるのです。

定常波（定在波）

同じ周期の波を左右から送り続けて重ね合わせると、どのような波ができるでしょうか？

Let's try
進まない波を作ろう！

ウェーブマシンを両側からリズムよく揺らし、山（谷）の位置が進まない波を作りましょう。ばねを使えば1人でも2人でも実験できます。ばねを水平に置いて左右に動かしましょう。

準備

- 実験道具 -
ウェーブマシン（波の反射実験でつくったもの）、
または、ばね

実験手順

ウェーブマシンやばねの両端をリズムを合わせて揺らして、右図の形の波をつくってみましょう。青の線と緑の線の形を繰り返します。変位がゼロとなる点を**節**といい、変位の大きいところを**腹**といいます。節の数を多くするにはどうしたらよいでしょうか？節の数が増えると、周期はどうなるでしょうか？

節の数　1　　　　　節の数　2

結果

両端をリズムよく揺らすと、写真のように山と谷を繰り返すだけで、山も谷も進まない波ができました。節の数を多くするには、素早く揺らして周期を短くする必要がありました。

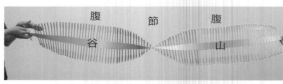
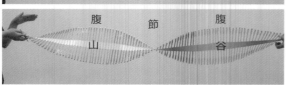
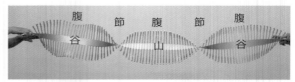
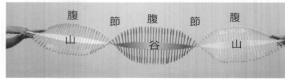

このように山（谷）の位置が進まない波を**定常波（定在波）**といいます。節（腹）の数が、1、2、3と多くなると、波長は1倍、$\frac{2}{3}$倍、$\frac{2}{4}\left(=\frac{1}{2}\right)$倍と小さくなります。波長と振動数の積は媒質特有の量である波の速さで決まるので、振動数を大きくすると波長が小さくなります。1秒間に振動する回数が1倍、2倍、3倍と大きくなると、波の周期は小さくなります。そのため節の数を多くするには、周期を短くして素早く揺らす必要があったのです。

◀ばねの両端をリズムよく揺らすと、定常波ができる

横波と縦波

　これまでみてきたような、波の進む向きと垂直に振動する波を**横波**といいます。波にはもうひとつ、波の進む向きに振動する**縦波**があります。横波と縦波はどのように違うのでしょうか？実際にこれらの波を作って観察してみましょう。

 Let's try
ばねの横波と縦波

　水平に置いたばねを、ばねに沿った向きに揺らして、ばねに沿って進む縦波を作って横波と比べましょう。

準備	実験手順
- 実験道具 - ばね	❶ ばねを水平に置いて伸ばし、水平面上をばねの向きと垂直に 1 回素早く揺らして、横波のパルス波が伝わる様子を観察しましょう。 ❷ ばねを水平に置いて伸ばし、ばねの端をばねの向きに素早く押して、密の部分が伝わる縦波の様子を確認しましょう。両側からリズムを合わせて連続的に押し合うとどうなるか確認しましょう。

結果

❶水平に置いたばねを水平面でばねの向きと垂直に揺らすと下の写真（左）のように山が伝わっていきました。これが横波です。

❷水平に置いたばねの一端をばねの方向に押したり引いたりすると、下の写真（右）のように密になっている部分が進んでいきました。これが縦波です。また両側から連続的に押し合うと、縦波の定常波ができました。

横波

縦波

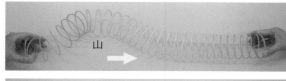

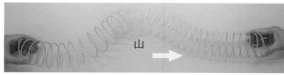

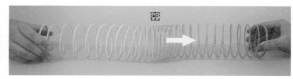

（a）つり合いの状態

（b）ある時刻の縦波の状態

（c）ばねの各点の変位を縦軸に表示したグラフ

縦波の横波表示▶

縦波の変位を横波のように表すことができます。

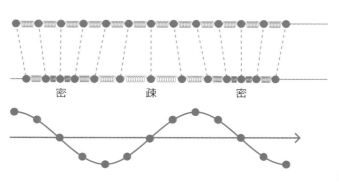

平面を伝わる波

円形波と直線波

写真に映っているたくさんの水面波は、カモを波源としてできた円形波です。カモの体が振動しているのです。

水面の1点をボールのような丸いもので下に押すと、ボールのまわりの水面が少し持ち上がります。ボールを上下に振動させると、その1点を中心とする円形の水面の山が広がっていきます。これを**円形波**といいます。空間を伝わる波の波面が球面であれば**球面波**といいます。水面をまっすぐな棒で上下に振動させると、直線の形の水面の山が伝わります。これを**直線波**といいます。空間を伝わる波の波面が平面であれば**平面波**といいますが、水面を伝わる直線波を平面波とよぶこともあります。左図は水面の波の山を白で表し谷をグレーで表したものです。平面を伝わる波には、ロープを伝わる波のようなひとつの方向だけに伝わる波にはない回折や重ね合わせによる模様を作るという不思議な現象があります。

波の干渉

ロープやばねの振動から波の重ね合わせがどのようなものか学びました。それでは、水面を伝わる波が重なるとどのようになるのでしょうか？

Let's discuss! 2つの円形波が重なると？

水面の1点を上下に揺らすと、その位置を波源とした水面波ができます。それでは、水面の2か所を同時に上下に揺らすとどうなるでしょうか？

上の図の円形波を2つ描いて重ね合わせて作図してみましょう。円形波の山を白、谷を黒として重ね合わせてみましょう。白い部分と白い部分が重なった場合は白、黒と黒は黒、白と黒が重なった場合は灰色にすると、どのような特徴が表れるでしょうか？作図して話し合いましょう。

解説

水面上に広がる同心円状の波が重なると、山と山が重なってより高い山となり、谷と谷が重なり合うとより低い谷となります。山と谷が重なると打ち消し合って水面の高さは動かない位置ができます。その結果、下の写真のようなパターンが見られます。このように波の重ね合わせによって振動を強め合ったり弱め合ったりする現象を**波の干渉**といいます。

2つの円形波の重ね合わせ。黄色い線は弱め合う点を結んだ線の一部

水面の波の干渉

波の回折

　ボールを箱に向かって投げたとき、箱にぶつかって跳ね返り、箱の後ろには届きません。それでは、直線波を箱などの障害物に向けて進めるとどうなるでしょうか？箱の後ろに届かないのでしょうか？直線波を小さい箱と大きい箱にぶつけたとき、どのような違いが現れるでしょうか？

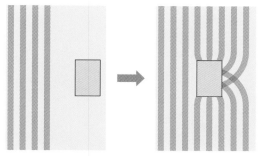

波は障害物の背後にも回り込む

波長の数倍の幅の箱にぶつかると箱の向こうにも波が伝わる。

　波が障害物の背後に回り込む現象を**回折**といいます。上図のように障害物に直接波をぶつけると、障害物の背後に回り込んで伝わっていきます。障害物の幅を大きくすると、波の波長は相対的に短くなり、障害物の背後には波が伝わりにくくなります（下図）。

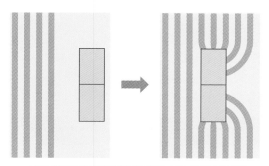

大きい障害物の背後に波が回り込めない部分が生じる

箱の幅が大きくなると、箱の向こうに波が伝わらない部分ができる。

　ここでは、同じ波長に対して小さい箱と大きい箱で背後に回り込む様子の違いを見ました。このことは、同じ大きさの箱に対して、長い波長と短い波長の違いにあたります。つまり、ある障害物に対して、波長が短いと障害物の向こうに波は到達しにくく、波長が長いと障害物があっても到達しやすくなるということです。

 POINT

回折　進む波が障害物の裏側の部分に回り込んで伝わる現象

　次の節で学ぶ音の波にも回折現象が起こります。窓を少し開けただけでも部屋のどこでも音が聞こえるのは、音の波が回折するからです。

＊波の干渉の様子は YouTube チャンネル：Wabi-Sabi Physics Lab. で見ることができます。

4-2 音

" 音が伝わる" ってどういうこと?

エジソンが実用化した円筒式蓄音機です。電気を使わずにハンドルを回すだけで、音を再生したりすることができます。記録に用いた媒体は、レコードや CD ではない蝋管という筒です。音が出てきたり、音を蓄えたりできるこの箱は、当時魔法の箱と呼ばれました。音って何でしょうか?

Let's discuss! 糸電話・いろいろ電話

2つの紙コップの底を糸でつなぎ、紙コップに向かって話すと、もう一端の紙コップから音が聞こえます。このようなしくみが糸電話です。糸電話のしくみを考えて、どうしたらよく聞こえるか、糸の代わりにいろいろな材料にするとどうなるか考えてみましょう。

❶ 糸電話を作るとき、紙コップの底のどこに糸を取り付けるとよく聞こえるでしょうか?

    a. 紙コップの側面　b. 紙コップの底の側面の近く　c. 紙コップの底の真ん中

❷ 糸電話で声がよく聞こえるようにするにはどうしたらよいでしょうか?

    a. 糸が揺れやすいようにたるませる　　b. 糸をピンと張る

❸ 糸の代わりに風船や針金でつなぐとどうなるでしょうか?

❹ 紙コップに向かって話した相手の声や、糸を擦った音が、どのようなしくみでもう1つの紙コップから聞こえるのでしょうか?

糸電話で話してみよう！

いろいろな方法や材料で糸電話を作って、話したり指で擦ったり弾いたりしてみましょう。

準備

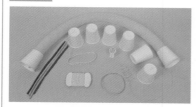

- 実験道具 -
タコ糸など、針金2m、細長い風船、紙コップ、ピン、テープ、カッター、はさみ

①—1，2 穴をあけ、糸（針金）を通し玉留めしてテープでとめる。

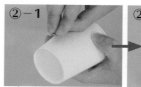

②—1，2 いろいろなところに糸をつけて、どれがよく聞こえるか確かめましょう。

③—1，2 紙コップの底に十字の切込みを入れて、膨らませた風船を差し込む。

実験手順

様々な条件で糸電話を作って Let's discuss の予想を確かめましょう。音の聞こえ方にどのような違いがあるのか確認してその理由を考えましょう。

① 紙コップのいろいろなところに糸を取り付けて、どうするとよく聞こえるのか確かめましょう。

② 糸・風船・針金などの糸電話の糸の部分を指で擦ったり弾いたりしてみましょう。弾いた糸、紙コップ、耳へと音が伝わるしくみを観察しましょう。音とは何か、材料の違いで生じる音の違いの理由は何でしょうか？

③ 大きな音と小さな音は何が違うのでしょうか？

④ 針金電話ではエコーがかかっていませんか？ その理由は何でしょうか？

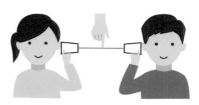

結果

　実験手順①では紙コップの底の真ん中に糸を取り付けて糸をピンと張るとよく聞こえました。②では、糸を擦ったり弾いたりすると、話し声より大きな音が響きました。風船電話を曲げると1人でも実験でき、糸電話に似た声や音が聞こえました。針金電話も1人で実験でき、エコーがかかった特徴のある大きな声や音が聞こえました。話した声が送信用の紙コップを振動させ、それが糸や風船や針金の振動に変わり、受信用の紙コップを振動させて耳に振動を伝えているようでした。③では糸を弾くと糸が振動する様子が見えました。糸を強く弾くと振幅が大きくなり、音が大きくなりました。④では、針金電話で歌うとエコーがかかりました。

　受信用の紙コップから耳に音を伝えているのは空気の振動です。受信用の紙コップの振動が周囲の空気を圧縮したり膨張させたりして、圧力変化を繰り返し伝えます。このような空気の圧力変化を伝える振動現象を**音波（音）**といいます。この圧力の波が聞き手の耳の鼓膜を振動させます。鼓膜の振動は耳の奥に伝わり、蝸牛にある音の受容体で圧力の振動を電気信号に変換し、聴神経を通して脳に伝わり音として認識されます。

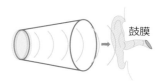

鼓膜

U字形になっている金属の棒は音叉（おんさ）というものです。たたくと特定の振動数の音がでます。水を弾き飛ばすほどの振動がまわりの空気に伝わり、音が聞こえます。

音波

音波は空気の圧力変化が伝わる波です。空気は気体分子の集まりなので、圧力が変化すると空気の密度が変化します。図5上のように波の伝わる方向に、空気の気体分子が疎になっている部分と密になっている部分ができます。これを**疎密波**といいます。

POINT
音波は空気の密度変化が伝わる粗密波で縦波である

空気の密度が大きくなると圧力が大きくなり、密度が小さくなると圧力が小さくなります。横軸を音が伝わる位置、縦軸を音の圧力とした音波のグラフは図5下のようになります。

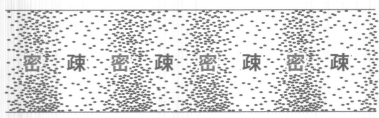

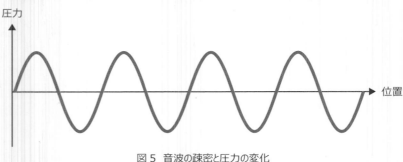

図5 音波の疎密と圧力の変化

TIPS

音の大きさの単位
振動体の振幅が大きいほど音が大きくなります。大きい音は圧力の変化が大きいということです。音波の強さを、圧力の振幅の2乗に比例する量で表します。圧力の振幅の2乗の対数（log）をとった量を、音の強さ（音圧レベル）といいデシベル（dB）という単位で表します。

POINT
音波は、空気の圧力変化が伝わる圧力波でもある

疎密波には、音波の他に地震波もあります。地震波には、P波と呼ばれる波とS波と呼ばれる波があり、それらの波の伝わり方は物質の組成や密度によって異なります。P波は密度の変化が波の伝わっていく方向と同じ方向に変化する縦波です。一方、S波は波の変位が波の伝わる方向と垂直の方向に変化する横波です。これらの地震波の観測から地球内部の構造がわかるのです。

音の速さ

　空気中で音波が伝わる速さを**音速**といい、約 340 m/s です。遠くで花火や雷が光るとき、しばらくしてから音が聞こえます。これは、光の速さと音の速さの違いから生じる現象です。光の速さを**光速**といい、3×10^8 m/s（30 万 km/s）です。花火が光って同時に音と光が生じても、音の速さの約 90 万倍も速い光が先に届き、その後音が届きます。音が届く時間が長い程、花火や雷まで遠いことになります。

　音の速さは、気温によっても変わります。15 ℃の場合約 340 m/s で、気温が t℃の場合には秒速（331.5＋0.6t）m/s となります。昼間は地上の方が暖かいので、地上に近い方が音速が速くなります。逆に夜間は地上の方が冷え上空の方が暖かいため上空の方が音速が速くなり、遠くの音がよく聞こえることがあるのです。

　音は、気体だけでなく液体や固体でも伝わります。音速は物質の種類で異なり、鉄の中の音速はおよそ秒速 6000 m にもなります。水中の音速も空気中の音速の 5 倍の、秒速 1500 m です。一般に固体中の音は速く、遠くまで伝わります。コンクリート構造物などの内部異常を外から探すために、打音検査といって金属をたたいて音を聞くことによって異常を発見すると いうように応用されています。一般に密度や音速が異なる媒質の境界で音の伝わる様子が変わり、音が反射したり回折したりします。

音の反射

　山で「ヤッホー」と叫ぶと、やまびこが「ヤッホー」と返してくれます。音波が山の斜面に反射して、その反射波が聞こえるのです。音波の反射波をやまびこ・こだま・エコーなどと呼びます。針金電話でエコーがかかったのは、金属中の音速が速く、針金の両端で反射された音波がエコーとなって聞こえたためです。

花火が見えた後に音が
聞こえる

mini-exercise

遠くの花火が光ってから 10 秒後に
音がしました。花火は何 km 離れた
場所で打ち上げられたのでしょうか？
(3.4 km)

information

媒質中の音の速さ (m/s)

空気	331.45
水	1500
鉄	5950

※空気は 1 気圧 0℃の場合。
（出典：『理科年表』令和 2 年）

 Column
フォノグラム ―エジソンの蓄音機―

　右の写真は音を再生することができる円筒式蓄音機で、1877 年にエジソン（1847-1931、アメリカ）によってその原理が発明されました。エジソン以前に音の振動を記録媒体の左右に波打つ溝に刻む録音はありました。下写真左は現代のレコード盤の溝の写真ですが、これも左右に波打っています。一方、下写真右はエジソンが発明した蝋（ろう）管の溝で、左右はほぼ同じ幅で深さ方向に溝が刻まれています。

　音を再生するには、蝋管の溝をなぞった針の振動をホーンに伝え、空気を振動させます。

エジソンの蓄音機
（蝋管は付いていません）

◀レコード盤の溝（左）と
　蝋管の溝（右）

音の性質

簡単な弦楽器を作って、弦の振動と聞こえる音の関係を調べてみましょう。

Let's try 一弦琴実験

輪ゴムで一弦琴を作って、音の波長と振動数と音程を確かめましょう。

準備

割りばしの左端から 10 mm の位置に「ド」の線をひき、180 mm の位置に基準の線を書きます。基準の線から左に 160 mm に「レ」を、144 mm に「ミ」という具合に、下表に従って割りばしに印をつけましょう。

音の名前	ド	レ	ミ	ファ	ソ	ラ	シ	ド
弦の長さ (mm)	180	160	144	135	120	108	96	90

- 実験道具 -
輪ゴム（折径 7 cm）1 本、
割りばし 2 膳、
ティッシュ空箱、
ピック（爪）となる
パンの袋留め 1 円玉、
定規、テープ、はさみ、
接着剤

❶ 一弦琴

もう 1 本の割りばしの $\frac{1}{4}$ の位置で、はさみかカッターを押し回すようにして切り、両側の「ド」の位置に接着剤で固定する。割りばしの残りを柱（じ）として使います。

❷ 共鳴箱付き一弦琴

箱に写真のような穴をあけ、箱に乗せて弦を弾くと音が大きくなるのを確かめましょう。その後、一弦琴をテープでしっかり固定する。

実験手順

① 柱を音の所に差し込み弦を指で上から押さえ、ピック（爪）で弦を弾きましょう。柱の位置を変えると、音の高さがどう変わるか観察しましょう。柱のかわりに爪で軽く触れても、音の高さを変えられます。

② 弦の長さが 180 mm（柱なし）と 90 mm の音はどのように違って聞こえるでしょうか？あるいは同じ音に聞こえるのでしょうか？

③ 弦の長さをドレミの順番に変えて弾いてみましょう。音階がわかりますか？

結果

実験①では、弦を短くすると音が高くなっていきました。②で弦の長さを半分にすると、音は高くなりますが同じ音でした。1 オクターブ高い音で歌っても合唱できるのと同じです。③で弦の長さをドレミと変えていくと、音の高さがドレミと音階の通り高くなっていきました。

ピタゴラスは、弦の長さが簡単な整数比である音は調和して聞こえることを発見しました。弦の長さが半分になると 1 オクターブ高い同じ音となったのは、振動数が倍のとき同じ音として聞こえる性質があるからです。$\frac{1}{3}$ のときと $\frac{1}{2}$ のときを比べると、$\frac{1}{3} : \frac{1}{2} = 2 : 3$ でドとソの音になっています。音階にはピタゴラス音階以外にもいろいろありますが、ここでは簡単な比となる下の純正律を用いました。

音の名前	ド	レ	ミ	ファ	ソ	ラ	シ	ド
振動数の比	1	$\frac{9}{8}$	$\frac{5}{4}$	$\frac{4}{3}$	$\frac{3}{2}$	$\frac{5}{3}$	$\frac{15}{8}$	2
弦の長さの比	1	$\frac{8}{9}$	$\frac{4}{5}$	$\frac{3}{4}$	$\frac{2}{3}$	$\frac{3}{5}$	$\frac{8}{15}$	$\frac{1}{2}$

固有振動と共鳴

一弦琴実験で弦の長さを決めて弦を弾くと、一定の高さの音がします。弦の長さを変えると振動数が変わり、音の高さは振動数で決まります。振動する弦の振動数と波長の積は弦を伝わる波の速さで、一定となります。弦の長さが半分になると1オクターブ高い音になりましたが、これは波長が半分となり振動数が2倍になったので高い音になったということです。振動数が大きくなると音の高さが高くなります。

音波の振動数が大きいほど高く聞こえる

弦の長さを半波長とする振動を**固有振動**、その振動数を**固有振動数**といいます。

固有振動数と等しい振動数で周期的に力を与え続けると、振動の振幅が大きくなり音が大きくなります。これを**共振**または**共鳴**といいます。箱をつけて一弦琴を弾くと音が大きくなったのは、箱が共鳴して大きな音になったのです。ブランコで背中を周期的に押してもらうと大きく揺れるようになっていく現象と同じです。ギターは弦の音だけではあまり大きな音が出ませんが、ギターの胴の部分で共鳴させることで音が大きくなり豊かな音色となります。

人が聞こえる音の振動数は 20 Hz ～ 20 kHz で、人の声の領域 100 Hz ～ 3 kHz を含みます。人の声は声帯を振動させ声道で共鳴させるので、声道が長くなると低い声となります。

超音波

可聴音の振動数を越えた 20 kHz 以上の大きな振動数を持つ音を**超音波**といいます。コウモリやイルカは、まわりの位置情報を得るために超音波を利用しています。音波は空気と壁のような異なる媒質の境界で反射します。超音波を発信して、壁などで反射された超音波を受信してその時間から距離を測ります。

超音波画像診断装置は、体内に超音波を送信し、体内の臓器や様々な組織で反射した反射波（エコー）を受信し、送信から受信までに要した時間から反射した位置を割り出します。超音波画像診断装置は放射線を使わずに体内の様子がわかる装置です。体内でも、臓器や様々な組織の境界で超音波が反射するのです。

利用される音の振動数（Hz）

コウモリ[1]	2k-110k
イルカ[1]	75-150k
ゾウ[1]	16-12k
金魚[1]	20-3k
魚群探知機[2]	15k-200k
超音波画像診断装置[3]	2M-22M

出典：
[1] George M. Strain、How Well Do Dogs and Other Animals Hear?、Deafness in Dogs and Cats、https://www.lsu.edu/deafness/HearingRange.html、2021 年 11 月閲覧
[2] 2010 Furuno Electric、https://www.furunostyle.jp/jp/mechanism/page5.html、2021 年 5 月閲覧
[3] 畠 二郎、https://www.innervision.co.jp/sp/ad/suite/canonmedical/seminarreport/180904、2021 年 5 月閲覧

うなり

波が重ね合わされるように、音波も重ね合わされます。それでは振動数がわずかに異なる音を同時に鳴らすとどうなるでしょうか?

Let's try
うなり実験

振動数がわずかに異なる音を同時に鳴らしてみましょう。どのように聞こえるでしょうか?

準備

- 実験道具 -
振動数の等しい音叉2つ、
クリップか輪ゴム、
(スマートフォン2台でも実験で
きます)

実験手順

振動数の等しい2つの音叉を用意し、一方にクリップか輪ゴムを取り付けて少し振動数をずらします。まず1台ずつ音を聞きましょう。一定の音の高さで一定の音の強さであることを確認します。一緒に鳴らすと、どのように聞こえるでしょうか?

※音叉だけではあまり大きな音は出ませんが、その下に共鳴箱を取り付けると音が大きくなります。

スマートフォンアプリの利用
身近に音叉がない場合はスマートフォンが使えます。楽器の調音用の音叉アプリを利用して、周波数を450 Hzと452 Hzのように近い設定にして実験してみましょう。

結果

それぞれの音を確かめてから、2台一緒に鳴らすとウォーンウォーンと音の強さが変化しました。スマートフォンなどで振動数がわかる場合、振動数の違いが5 Hz程度まではこの変化がわかりましたが10 Hzの差の場合はこの変化がわかりませんでした。

このようにして生じる周期的に繰り返される音の強弱を**うなり**といいます。図6のように2つの音波が重ね合わされ、振幅が大きくなったり小さくなったりするのです。2つの振動数のずれが、うなりの回数となります。

20 Hz

22 Hz

2回/秒のうなり

図6 うなり

POINT

うなりの1秒間あたりの回数 = 2つの音の振動数の差

ドップラー効果

近づいてくる救急車の音は高くなり、遠ざかると低くなっていきます。これを**ドップラー効果**といいます。その音程の変化は救急車の速さが速い程大きくなります。

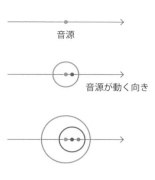

図7は、右の方向に一定の速さで動く音源から出た波が伝わっていく様子です。ある瞬間に朱色の点の位置の音源から出た波は、1周期が経つと朱色の円の形になります。その間も音源は右に動くため音源は青い点の位置となります。次の周期が経つと、2つ目の青い円の波は右に寄り波と波の間隔が左右で異なります。動く音源の前方で波を受け取る場合は、もとの波長よりも短い波長になります。つまり近づいてくる救急車の音の波長が短くなるので、音が高くなります。遠ざかる救急車の音の波長は長くなるので、音は低くなっていきます。

それではどのくらい音の高さが変化するのか、図7から求めてみましょう。音源から出る波の振動数を f、波長を λ、周期を T とします。音速を c、音源の速さを右向きに V とします。2周期経過した図において、朱色の円と青い円の間隔が左右で異なるのは、それぞれの円の中心（朱色と青い点）が距離 VT だけずれているためです。動く音源の前方で受け取る波の波長を λ' とすると、λ' は2つの円の右側の間隔なので λ より VT だけ短くなっています。

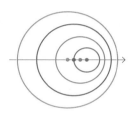

$$\lambda' = \lambda - VT$$

図7 ドップラー効果

音速は変わらないので、波長 λ' の波の振動数を f' とすると

$$c = f\lambda = f'\lambda'$$

という関係があります。周期 T と振動数 f の関係 $fT=1$ を λ' の関係式に代入すると、ドップラー効果による振動数のずれが得られます。式で表すと次のようになります。

$$f' = \frac{c}{c - V} f$$

 POINT

動く音源の前方で受け取る音の振動数
$$= \frac{音速}{音速 - 音源の速さ} \times もとの振動数$$

次に遠ざかる救急車の音の高さについて考えましょう。動く音源の後方で（左側）は、図からわかるように波長が λ'' と長くなった音波を受け取ります。長くなった音波の振動数をとすると次のようになります。

$$\lambda'' = \lambda + VT, \qquad f'' = \frac{c}{c + V} f$$

つまり低くなった音を聴きます。

 POINT

動く音源の後方で受け取る音の振動数
$$= \frac{音速}{音速 + 音源の速さ} \times もとの振動数$$

4-3 光

ものの色って何だろう？

　　　　　　私達は自然の中で様々な色を見ています。青い空、茜色の夕焼け空、七色の虹、同じ空が様々な色に変わります。それでは赤いリンゴはいつでも赤く、黄色いレモンはいつでも黄色に見えるでしょうか？上の植物などの写真はどのような光をあてても同じに見えるのでしょうか？ものの色について考えていきましょう。

Let's discuss!
ものの色って何だろう？

　私達は、暗闇ではものが見えません。ものを見るには光が必要です。光をあてるといろいろな色が見えてきます。それでは、当てる光の種類で見える色が違ってくるのでしょうか。例えば上の写真に、ふだん私達のまわりを照らしている太陽や電灯の光とは違う赤や緑などの1つの色を出すLED（発光ダイオード）の光をあてたとき、どのように見えるかを考えてみましょう。

❶　上の写真に、赤、緑、青の光だけをあてるとどう見えるでしょうか？花や葉、空の色は何色に見えるでしょう。

❷　上の写真に、赤と緑、赤と青、緑と青の2つの色の光を同時にあてると、それぞれの組合せでどう見えるでしょうか？

❸　上の写真に、赤、緑、青の光を同時にあてるとどう見えるでしょうか？

赤色 LED

緑色 LED

青色 LED

Let's try
赤、緑、青の光で見てみよう

Let's discuss で考えたことを3色（赤、緑、青）のLEDを使って確かめてみましょう。

準備

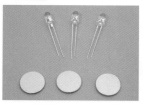

- 実験道具 -
LED 3色（赤、緑、青）、
コイン電池（3V）3個、
テープ

LED の電極の長い方が＋、短い方が－です。コイン電池の＋面（全面が平ら）にLEDの＋極がつくように、コイン電池を2つの電極ではさみ、指で押さえます。

実験手順

左頁の写真に、赤、緑、青のLEDの光をそれぞれあてて、写真の色がどのように見えるかを観察します。次に2色、3色と、同時にあてる光を増やして観察しましょう。

実験のポイント！
※ LED の赤は約2V、緑、青は3〜3.5Vで点灯するので、3Vのコイン電池ですべてのLEDが点灯します。
※ 1つの電池に2つ以上のLEDを同時につけると、電圧が下がり暗くなります。LEDごとにコイン電池を使います。
2つ、3つのLEDを同時につけるときは、テープなどでLEDの電極をコインにとめます。

　左頁にある植物などの写真に赤、緑、青の単色のLEDの光を順番にあてて、どのように見えるかを観察してみるとおもしろいことがわかります。単色のLEDは、太陽の光や豆電球の光と違い、ひとつの色だけを出す発光素子です。部屋を暗くしてテキストの写真にLEDの光をあてて、写真がどのように見えるか試してみましょう。1色のLEDの光だけの場合、2色のLEDの光の場合、最後に3色のLEDの光の場合です。写真の見え方がどのように変わるか見ていきましょう。

結果

赤のLEDの光だけをあてる。写真は赤色の強弱だけになる。形はわかるが、もとの色はわからない。

緑のLEDの光だけをあてる。緑色の強弱だけになり、もとの色はほとんどわからない。

青のLEDの光だけをあてる。青色の強弱だけになり、もとの色はほとんどわからない。

赤と緑のLEDの光を同時にあてる。黄色い花や葉の緑、オレンジの花の色がわかるようになる。

赤と青のLEDの光を同時にあてる。空の色や、青や赤の花の色がわかるようになる。

緑と青のLEDの光を同時にあてる。葉の緑色や、空の色がわかるようになる。

赤と緑の光では青いものは見えない。

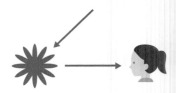

青い光をあてると、もので反射された青い光が目に届き、青いものが見える。

赤、緑、青の3つのLEDの光を同時にあてると、花や葉、空の色がよく見えるようになり、普通のカラー写真のような色になる。

三角プリズムに太陽の光を入射すると、光に含まれている色が分かれて、虹色が見える。

解説

　この実験から、目に見えるカラー写真の色は、あてる光の種類で違ってくることがわかりました。1色の光だけで見ると、ふだん見ている写真とは全く違ったものになります。赤い光だけをあてて見ると赤と黒の濃淡だけになり、他の色でも同様です。あてる光の色を2色、3色と増やしていくと次第に、花びら、葉、空などの色がわかるようになってきます。3色にすると、途端に今まで見ていたような美しい写真が出現しました。

　太陽や電球などの光でこの写真を見たときに、様々な色が見えていたのは、あてた光の中に赤、黄、緑、青、紫などの色がもともと含まれていたからです。左の写真は、太陽の光に含まれている色を三角プリズムで分けているところです。このように光に含まれていた色が分かれたものを、光の**スペクトル**といいます。物がどのような色に見えるかは、光源に含まれるスペクトルによって異なります。

光源に含まれる色の調べ方

　光源に含まれる色は、回折格子やプリズムで調べることができます。**回折格子**は、ガラスやプラスチックシートの表面に規則正しく微細な間隔ですじをつけたものです（左図）。回折格子越しに光を見ると、含まれている色が分かれて見えます。三角プリズムは（左図下）、ガラスなどに光が入るときや出るときに、屈折する角度が色によって異なることを利用して、光に含まれる色を分けることができます。

シート状の回折格子

ガラスの三角プリズム

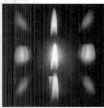

ロウソク

豆電球

白色LED

シート状の回折格子を通して見た、いろいろな光源の色の様子

色と光の波長

太陽の光はいろいろな色を含んでいます（右図）。色の違いは、光が波であることと関係があります。光は波の性質を持ち、私達の目は光の波長の違いを色の違い（下図）として見ています。見える光と見えない光は波長で決まっており、私達の目に見える波長の光を**可視光線**といいます。可視光線の中で、波長が最も長い光が赤で770 nm 程度、最も短い紫色の光が380 nm 程度です（$1 \text{ nm} = 10^{-9} \text{ m}$）。紫色から藍、青、緑、黄、橙、赤と波長が長くなっていきます。私達の目には見えない赤外線の波長は可視光線よりも長く、紫外線の波長は可視光線よりも短くなっています。

太陽の光には赤～紫までの光が連続的に含まれ、白色光と呼ばれます。目に見えない紫外線や赤外線も含まれています。

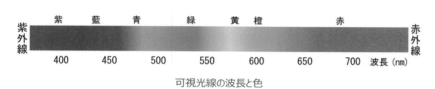

可視光線の波長と色

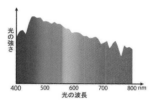

図8 晴れた日の昼間の太陽光の平均的なスペクトルの分布図。日本工業規格（JIS）の標準の光（D65）の強度分布をもとに作成。

光源の種類と色の見え方

3色の発光ダイオードを写真にあてる実験で、ものの色の見え方はあてる光の種類（含まれる色のスペクトルの違い）によって変わることがわかりました。同じものを太陽の光の下で見たときと、白熱電球の光の下で見たときとでは、見え方が違います。両方の光には赤から紫までの光が含まれていますが、色ごとの強さが異なるため見え方が違うのです。図8は太陽の日中の平均の光、図9は白熱電球の光に含まれる色ごとの強さです。白熱電球(電球色の照明)の下では、ものの色が赤味がかって見えますが、これは図9のように赤い色が強いからです。ものの色を見るときは、どのような種類の光をあてているかを考えることが大切です。

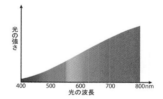

図9 白熱電球のスペクトル分布図。日本工業規格（JIS）の標準の光（A）の強度分布をもとに作成。

光の3原色

太陽の光には赤から紫までの色が含まれ、図8のような光の成分を持つ光を私達は「白」い色と感じています。このような「白」と感じる色は、わずか3つの色、赤、緑、青を混合してできることがわかっています。この3つの色を「光の3原色」といいます。図10のように赤と緑を適切な強さで混ぜると黄に、赤と青を混ぜると赤紫に、緑と青を混ぜると水色に見え、この3色を同時に適切な強さで混ぜると白に見えます。

この3色を混ぜるときに、それぞれの色の強さの組み合わせを変えると様々な色を作ることができます。この原理を応用したものが、テレビ、パソコンやスマートフォンなどに使われている、液晶などを使ったカラー表示素子です（右図）。わずか3色の画素で約1700万種類の色を表現することができます。

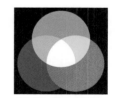

図10 光の3原色

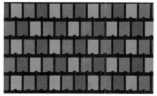

液晶テレビの画面の拡大。3色の画素が並んでいます。3色の光の強さをそれぞれ256段階にして組み合わせると、その組み合わせの数は、256×256×256＝16,777,216となり、約1700万種類の色を表現できます。

光の波の性質

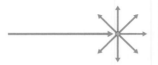

光の散乱

光が空気分子などの小さな粒子（緑の点）にあたり、光が散乱する様子。

青空と夕焼け

　晴れた日の昼間の空は青空ですが、夕方に太陽が傾くと茜色に変化します。空気にはもともと色がなく透明なのに、どうして色が変わるのでしょうか？太陽からの光は地上の大気の層を通って地表に届きます。光が大気の層の空気分子などの小さな粒子にあたると、その粒子のまわりに光が広がって進みます（左図）。この現象を**散乱**といいます。このとき、波の回折の現象と同様、波長の短い青い光は散乱されやすく、波長の長い赤い光は散乱されにくい性質があります。

　下図のように、昼間は太陽の光が上の方から進んでくるため、光が大気の層を通る距離は短く、朝や夕方は太陽の光は横の方から進んでくるためその距離が長くなります。大気の層の中を長い距離進むと、青い光は散乱され赤や橙色の光の方が多く地表に届くため夕焼けになります。昼間は青い光がより散乱されることで、青い光が強くなるという性質があります。

▼上：青空
　下：夕焼け

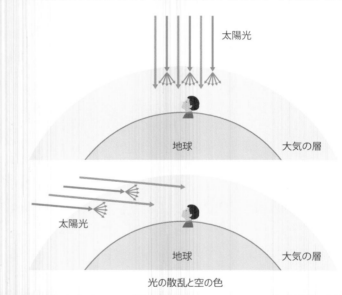

光の散乱と空の色

青空と夕焼けを作ろう

　身近なもので青空と夕焼けを作ることができます。ペットボトルなどを水で満たし、床用のワックスを入れて光をあてると、青い部分とオレンジ色の部分が見えます（右図）。ライトの光が太陽光、ワックスが大気層の空気分子などの粒に当たります。ライトに近い方が青くなり、遠くなるとオレンジ色に変化します。光が散乱されながら進むと、距離が長くなるほど青い光は遠くまで届かず、黄色や赤などの光が届くようになります。

　豆電球を使うと夕焼けの色はよく見えますが、青空の色はほとんど見えません。LEDライトを使うと青色はよく見えますが赤色は見えにくくなります。

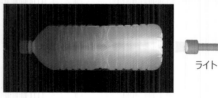

ライト

水2Lに対して床用ワックス5cm³を目安に、色の様子を見ながら少しずつ入れる。LEDライトは青色が弱めの物を使うとよい（写真は、ワックスにリンレイall、光源にGENTOS製LEDライトを使用）。
（参考『青空と夕日の実験器の制作』馬目秀夫、日本私学教育研究所研究紀要第38号）

光の回折と干渉

　シャボン玉やCDの表面など、もの自体には特別の色がないのに、光の回折と干渉で虹色が生まれることがあります。

Let's try CDの虹色

　ＣＤを使って回折と干渉で虹色が生まれる様子を観察しましょう。

準備

- 実験道具 -
CD、ロウソク（長さ5cm程度）、アルミホイル、両面テープ、単2の乾電池など

実験手順

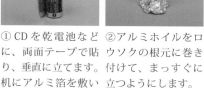
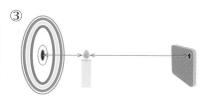

① CD を乾電池などに、両面テープで貼り、垂直に立てます。机にアルミ箔を敷いておきましょう。

②アルミホイルをロウソクの根元に巻き付けて、まっすぐに立つようにします。

③ロウソクをCDの前に約7cmを目安に置き、点火棒などで火をつけます。炎から約18cmの所に目やカメラを置いて、ロウソクの炎越しにCDの中心を見てみましょう。

結果

　ロウソクの炎とCDの中心が重なって見えるような位置に目を置くと、下の写真のような同心円状のきれいな虹色の帯が現れます。目の位置をずらすと帯状の色は消えてしまいます。また、CDとロウソクの炎までの距離を変えてみると、色が変わります。距離を変えて、色の変化のようすを観察してみましょう。

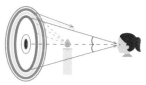

CDの中心と目を結んだ直線との角度が同じ方向は同じ色になるので、同心円状の虹色の帯ができます。

ロウソクとCDの距離を変えると、色が変化します。

シャボン玉の薄い膜による光の干渉で、虹色が生まれます。

解説

　CDの記録用のトラックに光があたると光が回折し、回折した光が干渉して虹色が生まれます。このように、ものの構造と光が波であることで生まれる色を構造色といいます。右の写真のようにシャボン玉やタマムシなどの羽の色も構造色です。

タマムシの羽にある微細な構造が"玉虫色"を生みます。見る角度で色が変化します。

回折格子と CD

　CD の実験で見た虹色は、光が波の性質を持つことで生まれたものです。光は波のため回折と干渉を起こし、例えば図 11 のように 2 つの光源から出た光は球状に広がり重なります。このとき波の山と山、谷と谷が重なる部分は 2 つの光源からの距離の差が波長の整数倍になる位置で、波が干渉して強め合います。このような光の回折と干渉の性質を利用した光学素子が回折格子です。

　回折格子はガラスの板などの片面に細い溝を等間隔に平行にたくさん刻んだものです（左図）。回折格子に光を透過させると溝の部分では光が乱反射し、平らな部分では光が回折して図 12 のように同心円状の波が出ます。たくさんの平らな部分から出た波が、波の波長に比べて十分遠いところで干渉すると、光の波長に対応した方向が明るくなり、光の色が分かれて見えるようになります。

図 11　2 つの光源から出た波は、山と山、谷と谷が重なるところ（○）で強め合います。

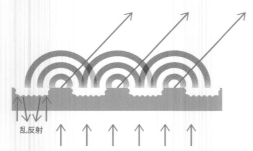

図 12　回折格子のしくみ
隣同士の波が波長の整数倍異なる方向に光が強め合う

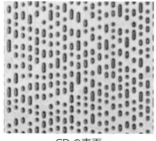

回折格子
プラスチックシートに縦横に 200 本 /1 mm の筋をつけた回折格子（インターネットで購入可）

> **POINT**　　　　　　　　　　　回折格子
> **溝と溝の間で光が回折し、波長によって干渉で強め合う角度が異なることを利用する素子**

　CD のプラスチックの円盤の間にある薄いアルミニウムの層には、左の写真のような細長いデータ記録のための突起の列が、等間隔に配置されています。図 12 の回折格子は、透過してくる光を使いますが、CD では反射する光が、同じような現象を起こします。図 13 のように光を CD の表面にあてると、突起の列の間の平らなところで反射した光は回折して、その点を光源として球状に広がります。回折した光は図 13 のように強め合う部分と弱め合う部分が生じ（干渉）、色によって強め合う角度が違うため反射された光が虹色に分かれて観察されます。一方、突起部分に届いた光の波は様々な向きに反射して結果的に打ち消し合います。

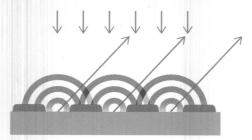

図 13　CD の回折と干渉のしくみ
回折格子と同じように、隣同士の波が波長の整数倍異なる方向に光が強め合います。このため、光の色が分かれて見えます。

CD の表面
600 本 /mm の間隔で配置された突起

1

ある時刻における下の波形について問いに答えよ。

① 波長は何 m か。

② 振幅は何 m か。

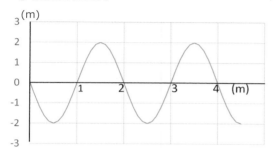

波は右向きに進み、2秒後にグラフの原点であった所は2 m 先に進み、グラフの山はひとつ右の山に重なった。

③ この波の周期は何秒か。

④ 振動数は何 Hz か。

⑤ 速さは何 m/s か。

2

一般に若者の可聴範囲は、20 Hz から 20,000 Hz である。これら2つの周波数に対応する空気中の音波の波長はいくらか？空気中の音速を 344 m/s とする。

3

コウモリは 120,000 Hz の超音波を聞くことができる。空気中のこの超音波の波長はいくらか。空気中の音速を 344 m/s とする。

4

下の図は、時刻 0 秒における 2 つの波の形である。青い実線の波は x 軸の負の向きに伝わる波（正弦波）を表し、赤い点線の波は x 軸の正の向きに伝わる波（正弦波）を表している。波の速さを 1 m/s として、2 つの波の重ね合わせについて次の問いに答えよ。

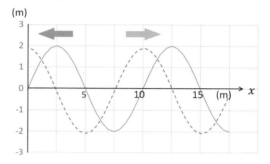

① 時刻 0 秒における $x=5$ m の点の重ね合わされた波の高さはいくらか？

② 5 秒後の $x=5$ m の点の重ね合わされた波の高さはいくらか？

③ 5 秒後の $x=10$ m の点の重ね合わされた波の高さはいくらか？

④ 10 秒後の $x=5$ m の点の重ね合わされた波の高さはいくらか？

⑤ 10 秒後の $x=10$ m の点の重ね合わされた波の高さはいくらか？

5

山頂で向かいの山に向かって「ヤッホー」と叫ぶと、2.0 秒後にやまびこが聴こえた。音速を 3.4×10^2 m/s とすると、向かいの山までの距離は何 m か。

1

下図のように波源 1,2 から同じ位相、同じ振幅で振動する円形波が伝わっている。波長が図の 4 目盛であるとき、図中の A ～ C の位置の波は強め合うか弱め合うか。2 つの波源からの距離の差が波長の整数倍のとき強め合い、半整数倍のとき弱め合う。

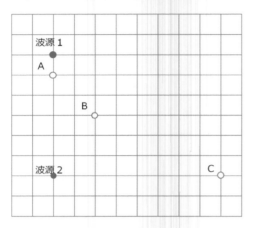

2

振動数 300 Hz の音を出しながら、車が 20 m/s で観測者に近づくように走ってきた。音速を 340 m/s として次の問いに答えよ。

① 車が出す音の波長は何 m か。

② 車が出す音の周期は何秒か。

③ 車の前方にいる観測者が聞く音の波長は何 m か。

④ 車の前方にいる観測者が聞く音の振動数は何 Hz か。

3

振動数 300 Hz の音を出しながら、車が 20 m/s で観測者から遠ざかるように走って行った。音速を 340 m/s として次の問いに答えよ。

① 車の後方にいる観測者が聞く音の波長は何 m か。

② 車の後方にいる観測者が聞く音の振動数は何 Hz か。

4

光の色は光波の波長に対応している。次の波長に対応する光波の振動数はそれぞれ何ヘルツか。

① 赤 650 nm　② 黄 570 nm　③ 緑 500 nm

④ 青 450 nm　⑤ 紫外線 200 nm

⑥ 赤外線 1.0 μm

ただし、光の速さは 3.0×10^8 m/s、
1 nm $= 10^{-9}$ m、1 μm $= 10^{-6}$ m である。

5

下図のような溝の間隔が d である回折格子に、波長 λ の山谷が揃った平行な光を垂直に入射させる。回折格子から十分離れたところにスクリーンを置くと、等間隔に明るい線（明線）が現れた。下の問いに答えよ。

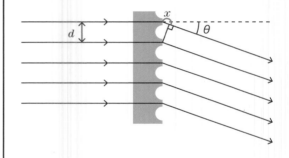

(1) 波が強め合ったり弱め合ったりする現象を何というか。
　　①反射　②　回折　③　干渉　④　散乱

(2) 回折格子からスクリーンまでの距離が溝の間隔に比べて十分大きい場合、回折した光の経路はほぼ平行なので、隣り合う光の経路差は図中の赤い線で示した x となる。x を d と θ で表すとどうなるか。

(3) 回折格子で回折した光が明線の位置で強め合っている。回折した隣り合う光の明線までの経路の差は、波長の整数倍である。2 本の光の経路差 x が波長の m 倍（$m = 0, 1, 2, \cdots$）であるとき明線で強め合う条件を d、λ、θ、m で表すとどうなるか。

）正体は何だろう？

ラフという電気をためる装置の放電の様子です。
らせたり、下敷きの摩擦で髪が引き寄せられたり、触るとしびれたり、
々な現象を起こします。
は電気の正体とそれらの現象の背後にある法則を学びましょう。

電磁気

5

摩擦と静電気

冬の乾燥した日にドアノブを触ると、針で刺されたような痛みを感じることがあります。頭を下敷きで擦ると、髪の毛が下敷きに引き寄せられます。摩擦によって物体に何か変化が起きたのでしょうか？

Let's discuss! 摩擦で何か起きているの？

摩擦で起こる身のまわりのいろいろな現象について話し合ってみましょう。

❶ 下敷きで頭を擦ると、擦った後に髪の毛が下敷きに引き寄せられます。ビニールの菓子袋をちぎった後、切れ端が手についたままになることがあります。擦る前と擦った後で、何か変化したのでしょうか？ 引き寄せられるということは、何か力が生じたのでしょうか？

❷ 冬の乾燥した日にセーターを脱ぐとパチッと火花が飛ぶことがあります。指とドアノブの間に火花が飛ぶこともあります。どうして火花が飛ぶのでしょうか？

手についたままの菓子袋の切れ端

鍵と鍵の間に飛び散る火花

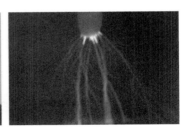
擦った下敷きと指の間に飛び散る火花

■■Skit! ■■■■■■■■■■■■■■■■

> 頭を下敷きで擦っても見た目には変化はないけれど、見えない力が生まれたのかな？

> 火花といえば雷もピカッと光りますね！何か関係があるのかな？

 髪の毛が下敷きに引き寄せられる力の正体から考えていきましょう。

解説

物体は摩擦により電気を帯びるようになります。これを**帯電**といいます。帯電した物体を**帯電体**といい、物体に生じた電気を**静電気**といいます。摩擦によって生じる電気を**摩擦電気**ともいいます。

物体はもともと電気的に中性で、2つの物体を擦り合わせるとどちらかの物体からもう1つの物体に、電気のもとになるものが移動します。この電気のもとになるものを**電荷**といいます。電荷の量を**電気量**といい、電気量の単位を**クーロン（C）**といいます。

電荷には2種類あり、電気の正・負によって**正電荷・負電荷**に分けられます。電荷と電荷の間に力がはたらき、この力を**静電気力（電気力）**といいます。電気的に中性な物体は、正の電気量と負の電気量のそれぞれの大きさが等しくなっています。図1のように電荷が移動すると、物体が中性でなくなり正の電気と負の電気を帯びます。

TIPS

雷の原因は摩擦電気

雷の発生原因は雲の静電気です。急激な上昇気流により、雲の中で氷の粒などが多数衝突を起こすことで電気がたまります。ある程度電気がたまると雲の中や地表との間で放電が起こります。

   ひきはがす

中性　　　　　　正　　　　　　　負

図1　電荷の移動による帯電

電荷は何もないところから新しく生まれたり、勝手に消えたりすることはありません。これを**電気量保存の法則（電荷保存則）**と呼びます。

POINT

電気量保存の法則
電荷の移動の前後など、どのような現象においても電気量の総和は変化しない

静電気とは摩擦で電荷が移動することで生じます。それでは電荷はどのようなときに、どこからどこへ移動するのでしょうか。箔検電器という電気で箔が動く装置を使って、電気の性質を調べてみましょう。

TIPS

凧による雷の実験

(Benjamin Franklin's kite experiment The Youth's Book on Natural Theology, 1840)

ベンジャミン・フランクリン（Benjamin Franklin、アメリカ、1706-1790）は雷が電気的な現象であることを実験によって示しました。彼は政治家でもあり、アメリカ合衆国独立宣言の起草者の一人でもあります。

Let's try
箔検電器を作ってみよう！

びんの中にある箔の開閉により帯電状態を調べる、箔検電器という実験装置を自作して実験をしてみましょう。

準備

- 材料 -
アルミ箔、5 cm の金属クリップ 2 個、メラミンスポンジ、はさみ、画びょう、下敷き（塩化ビニル樹脂 PVC 等）、ティッシュ、カッター、口径 2 cm 以上のびん

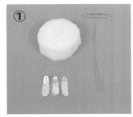

① メラミンスポンジを容器の口に合わせてカッターで切る。クリップの片方の端を写真のようにのばす。アルミ箔で縦 3 cm、横 1 cm の短冊を 3 枚作り、画びょうで穴をあける。

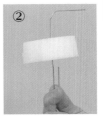

② メラミンスポンジの真ん中にクリップの一端を通す。

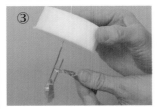

③ クリップの U 字に曲がっている側に 3 枚の箔を通す。なるべく箔がまっすぐになるようにする。

④ クリップの伸ばしている側にもう 1 個のクリップを写真のように取り付ける。

⑤ ここまで作ったクリップ付きのスポンジでビンに蓋をする。

実験手順

実験①
下敷きをティッシュで擦ります。その後、下敷きを箔検電器のクリップ部分に近づけて箔が開くことを確かめましょう。次に下敷きを遠ざけるとどうなるか観察しましょう。

ポイント！
※静電気の実験は乾燥している時期に行うとよい。
※容器に乾燥材を入れるとよい

実験②
箔検電器と帯電した下敷きを使って、次の手順通りに操作してみましょう。
(1) 下敷きを近づけて箔が開いた状態にする。
(2) 下敷きは動かさずにクリップ部分を触る。
(3) 下敷きは動かさずに指を離す。
(4) 下敷きを遠ざける。
各ステップで箔がどう動くか観察しましょう。

(1)　　(2)　　(3)　　(4)

実験の予想
箔が動くということは何かの力がはたらいているはずです。電気と力の性質を考えて、箔がどのように動くのか予想してみましょう。(2)〜(4) のステップで箔はどうなるのでしょうか？右の状態から選んでみましょう。

開いたまま

閉じる

大きく開く

結果

　実験①で、ティッシュで擦った下敷きを箔検電器のクリップ部分に近づけると、箔が開きました。下敷きを遠ざけると箔はもとの通りに閉じました。

　②の（1）で下敷きを近づけると箔は開き、（2）で下敷きは動かさずにクリップ部分を指で触ると箔は閉じました。（3）で下敷きは動かさずに指を離しても箔は閉じたままでした。（4）で下敷きを遠ざけると箔は（1）の状態と同じ具合に開きました。

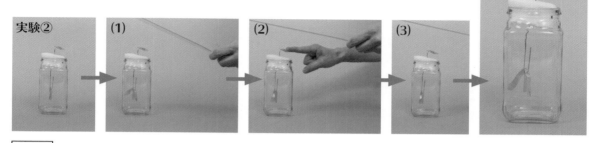

解説

　箔の動きをもとにして、電荷がどう移動したかを考えましょう。

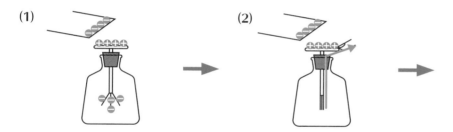

(1) 負に帯電した下敷きを近づけると、下敷きに近い所に正（＋）の電荷が、遠い所に負（－）の電荷が現れます。3枚の箔には負の電荷が現れ、反発し合う静電気力が生じ、箔は軽いためその反発力で開きます。

(2) 指でクリップ部分（金属板）に触れて箔が閉じたのは、静電気力が失われたためです。箔部分に現れた負（－）の電荷が、指の方に負（－）の電荷が移動し電気的に中性になったのです。

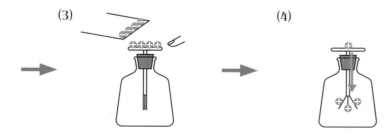

(3) 下敷きを動かさないで指を離しても、外部からの電荷の変化はないので、箔とクリップ部分の電荷の分布に変化はありません。

(4) 下敷きを離すとクリップ部分の近くに電荷がなくなったので、箔と金属は電気的中性に戻ろうとします。そのためクリップ部分にあった電荷が箔に移動して、再び箔は開きます。

帯電列

　摩擦する物質の組み合わせで静電気の生じやすさが異なります。また、物質の組み合わせで電荷が移動する向きが異なります。塩化ビニルの下敷きをティッシュで擦ると、ティッシュから下敷きへ電子が移動し下敷きが負となります。

　古代ギリシャ時代に琥珀を毛皮で擦ると静電気が生じることが発見されました。ギリシャ語で琥珀をエレクトロンといい、電気と呼ぶようになりました。このときの毛皮の電気を正としました。

　正になりやすい物質を左から、負になりやすい物質を右から並べたものを**帯電列**といいます。帯電しやすさは物質により異なります。擦り合う組み合わせでどちらが正負に帯電するかは、帯電列の相対的な位置で決まります。塩化ビニルと紙を比べると、塩化ビニルの方が負になりやすいのです。

琥珀（こはく）

古代ギリシアではエーレクトン（太陽の輝き）という意味で呼ばれました。中国では虎が死後に石になったものと考えられ、琥の文字が用いられています。琥珀を擦ると毛、紙、布などを引き寄せる摩擦電気が発生することは古くから知られていました。琥珀は樹木の樹脂が化石となったもので、昆虫等が閉じ込められているものもあります。

正になりやすい ←――――――――――――――――→ 負になりやすい

毛皮　羊毛　ガラス　ナイロン　絹　木綿　木材　皮膚　ガラス繊維　亜鉛　アルミニウム　紙　クロム　エボナイト　鉄　銅　ゴム　ポリプロピレン　ポリエステル　アクリル　ポリエチレン　セロハン　塩化ビニル

帯電列の例

物質を構成する原子

　すべての物体は原子と呼ばれる粒子でできており、原子は**陽子**と**中性子**からなる**原子核**と、そのまわりの電子からできています（図2）。電子は負の電荷、陽子は正の電荷を持ち、それらの電荷の大きさを**素電荷（電気素量）** e といいます。中性子は電荷を持たず電気的に中性です。通常の原子は中性ですが、電子が通常より少なくなったり多くなったりして電荷を帯びた原子を**イオン**といいます。原子が電子を放出して電子を失った原子は正の電荷を持つ正イオン（陽イオン）になり、電子を受け取った原子は負の電荷を持つ負イオンになります。

素電荷（電気素量）

電子の持っている電気の大きさは素電荷と呼ばれ、電荷の大きさの単位です。素電荷は電気素量とも呼ばれ、記号 e で表されます。その値は $e=1.6 \times 10^{-19}$ C（クーロン）です。

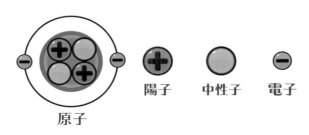

原子　　陽子　中性子　電子

図2　原子の構造

静電気力

　箔が閉じた状態の箔検電器に帯電体を近づけると箔が開きました。箔に直接手を触れることなく箔が閉じたり開いていたりするのは、静電気力がはたらいているためです。

　静電気力には反発する力（斥力）になる場合と引き合う力（引力）になる場合があります。図3のように、同じ種類の電荷には斥力がはたらき、異なる種類の電荷には引力がはたらきます。

> **POINT**
> **同じ種類の電荷には互いに反発する力（斥力）がはたらき**
> **異なる種類の電荷には互いに引き合う力（引力）がはたらく**

　帯電体を近づけると箔の部分に同じ種類の電荷が集まります。同じ種類の電荷に斥力がはたらき、その結果箔が開いたのです。帯電体を遠ざけると箔に集まった電荷はもとに戻り、静電気力が失われ箔が閉じます。

　次に静電気力の大きさを考えましょう。電荷が大きいほど力は大きくなり、2つの電荷の距離が大きくなると力の大きさは小さくなります。2つの電荷（電気量1、電気量2）にはたらく静電気力の大きさは、それぞれの電気量の大きさの積に比例し、2つの電荷の間の距離の2乗に反比例します。これを**クーロンの法則**といいます。

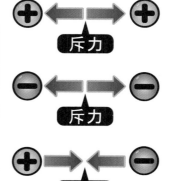

図3　静電気力
電荷には正の電荷と負の電荷があり、正の電荷同士、負の電荷同士は斥力、正の電荷と負の電荷は引力がはたらきます。

> **POINT**
> **クーロンの法則**
> **静電気力の大きさ＝比例定数 × $\dfrac{電気量1 \times 電気量2}{距離^2}$**

　2つの電気量の大きさを p、q として、2つの電荷の間の距離を r とするとき、静電気力の大きさを F とすると

$$F = k\,\frac{pq}{r^2}$$

となります。k は比例定数で、真空中の比例定数の値 k_0 は次の通りです。

$$k_0 = 9.0 \times 10^9\ \mathrm{N \cdot m^2/C^2}$$

2つの電荷にはたらく静電気力の方向は、2つの電荷を結ぶ直線方向で、同じ種類の電荷の場合は斥力の向き、異種の電荷の場合は引力の向きです。

静電誘導

どうして帯電体を近づけると箔に電荷が集まるのでしょうか？このような現象が起こる金属の性質を見ていきましょう。

物質には電気をよく通すものとほとんど通さないものがあり、通すものを**導体**、ほとんど通さないものを**不導体（絶縁体）**といいます。アルミニウム等の金属は導体で、ガラス、紙、木、ゴム、プラスチックなどは絶縁体です。実験に用いた下敷きも絶縁体です。

導体である金属の中では図4のように金属イオンが規則正しく並んでいて、その中を自由に動き回る電子が存在します。この電子を**自由電子**といいます。これが電気の担い手です。金属が電気を通しやすいのは金属の中を自由電子が移動するためです。一方、絶縁体の中の電子は原子やイオンなどに強く束縛されていて自由電子は存在しないので、絶縁体はほとんど電気を通しません。

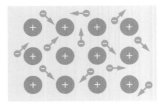

導体：金属イオンと自由電子

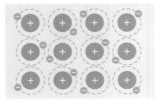

不導体：自由電子は存在せず電子は束縛されている

図4 導体と不導体（絶縁体）

POINT
導体には自由電子が存在する

導体の近くに帯電体を近づけると、帯電体の電荷と自由電子の間にはたらく静電気力により自由電子が移動します。その結果、図5のように帯電体に近い側には帯電体とは異種の電荷が現れ、遠い側には帯電体と同種の電荷が現れるという現象が起こります。これを**静電誘導**といいます。

POINT
静電誘導
外部の帯電体の影響で電荷の分布に偏りが生じる現象

箔検電器に帯電体を近づけると、帯電体に近い側のクリップ（金属板）に帯電体と異種の電荷が現れます。導体であるクリップ（金属板）と箔の中の自由電子が移動して、帯電体と遠い側の箔には帯電体と同種の電荷が集まります。

静電誘導は絶縁体でも起こります。絶縁体は電気をほとんど通さず自由に動ける電荷はありませんが、絶縁体を構成している分子の内部で電荷の偏りが生じて、図6のように帯電体に近い側には帯電体と異種の電荷が現れ、遠い側には同種の電荷が現れます。これを**誘電分極**といいます。

帯電体
導体

図5 導体の静電誘導
帯電体を導体に近づけると、帯電体に近い側に帯電体と異種の電荷が、遠い側に同種の電荷が現れる現象。

帯電体
不導体

図6 誘電分極
不導体の静電誘導を誘電分極といい、不導体を構成している分子の内部に電荷の偏りが生じる現象。

電場

電場（電界）

　静電気力は離れている2つの電荷にはたらく力です。どのようにして2つの離れた場所に力を及ぼし合っているのでしょうか?

　電荷があると、そのまわりに置いた別の電荷に静電気力を及ぼします。つまり電荷がないときの空間とは異なり、電荷は静電気力を及ぼす空間を作ります。このような静電気力を及ぼす空間には**電場（電界）**が生じているといいます。電場の向きは静電気力のはたらく向きで、電場の大きさは1Cの電荷にはたらく静電気力の大きさと等しい大きさです。

静電気力を及ぼす空間には電場（電界）が生じている

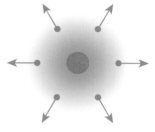

図7　正の点電荷が作る電場
中央の正電荷のまわりに正電荷を置くと静電気力を受ける。これを電荷のまわりの空間に電場が生じたという。

　図7のように正の点電荷のまわりに正電荷を置くと真ん中の正の点電荷とまわりに置いた正電荷の間には斥力がはたらきます。点電荷のまわりのどの1点に置いてもクーロンの法則に応じた静電気力がはたらきます。点電荷はそのまわりのいたる所に電場を作ります。そのまわりの1点に置いた電荷は、その位置の電場の大きさに応じた力を受けます。

　電場の中の電荷が受ける静電気力の大きさは、電荷と電場の大きさの積となります。正電荷の場合は電場の向きは静電気力の向きと等しく、負電荷の場合の電場の向きは静電気力の向きと逆向きになります。電場を $\vec{E}$、静電気力を $\vec{F}$、電荷を q とすると、静電気力と電場の関係は次のようになります。

静電気力＝電荷×電場　　$\vec{F} = q\,\vec{E}$

電気力線

電場の中に正電荷を置いたときに、電場から受ける力のベクトルをつないで得られる曲線または直線を**電気力線**といいます。ある点における電場の向きはその点を通る電気力線の接線の向きで示されます。

バンデグラフ

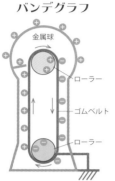

写真の金属球の頭の部分の下には、アクリルの胴体に格納されたゴムベルトが回って、胴体の上下についているローラーと摩擦を起こし静電気を発生させます。

POINT

電気力線の接線が電場の向きを表し、電気力線の密集の具合で電場の強さを表す

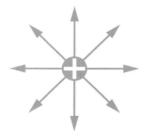
図8 正電荷の周りの電気力線

図9 負電荷の周りの電気力線

1つの正電荷（赤）が正電荷に及ぼす静電気力は図7のように放射状にはたらき、電気力線で表すと図8のようになります。これが正電荷が作る電場の様子です。1つの負電荷（青）が作る電気力線は図9のように内向きとなります。これが負電荷が作る電場の様子です。

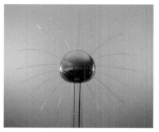
帯電したバンデグラフにアクリルのひもを取り付けた場合

左のバンデグラフの写真では金属球に電気が蓄えられ、金属球に取り付けたひもが静電気力によって反発し合うために放射状に広がります。この形が点電荷が作る電気力線の形に対応しています。

静電気力を重ね合わせることができるのと同じように、電場も重ね合わせることができます。正電荷（赤）と負電荷（青）による静電気力を重ね合わせて電気力線を描くと、図10のようになります。電気力線は正電荷から出て負電荷に入り、電気力線は交わったり折れ曲がったりしません。

帯電したバンデグラフの近くに放電球を置いた場合

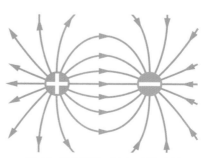
図10 正負電荷のまわりの電気力線

左の写真は、帯電したバンデグラフに取り付けたひもが放電球に引き寄せられている様子です。これらのひもの形は、電位差のある所に生じる電気力線の形に対応しています。

電位

　正電荷のまわりに別の正電荷を置くと、反発し合う力がはたらいて正の電荷から遠ざかる向きに動きます。この様子は、山の斜面にボールを置くとボールが山の頂上から遠ざかる向きに転げ落ちるのと似ています。ボールが下に落ちるのは重力がはたらいているからです。静電気力も同じように考えることができます。

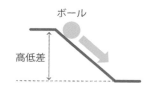

正電荷のまわりに置いた別の正電荷を山の斜面に置いたボールに例えると、山の高さが電位に対応する。

　静電気力の場合、重力による位置エネルギー の高さに対応するのが、**電位**という電気エネルギーの高さです。図11は、正の点電荷が作る電位と電気力線を表したものです。正の点電荷の位置の電位が最も高く、そこから遠ざかるにつれて電位は低くなります。電位の差を**電位差**といいます。この電位差が**電圧**とよばれるものの正体です。この空間に別の正電荷を置くと、正電荷と反発して遠ざかる向きに動きます。電気力線の接線の向きが静電気力の向きになります。電気力線は等電位面に垂直になり、等電位面の間隔が密なところほど電場は強くなります。

　電場も電位も重ね合わせることができますが、電場はベクトルの和で電位は数の和です。正負の電荷の場合と2つの正電荷の場合の電気力線の違いは、図12のように電位の形が違います。

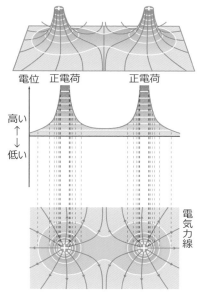

図11
電位と電気力線

図11、12『視覚でとらえるフォトサイエンス物理図録』数研出版 等電位面の図をもとに改編

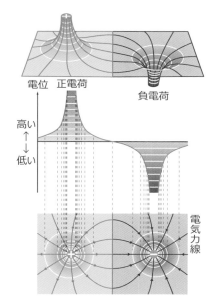

第5章始めの写真でバンデグラフと放電球の間に大きな電位差が生じると、電子が放出されます。放出された電子は空気の気体分子に衝突しエネルギーを与え、気体分子から光が放出されます。

図12　電位の重ね合わせと電気力線

5-2 電流と電圧

"電気が流れる"ってどういうこと?

　　　　　ライトを光らせるには電気を流します。雲にたまった電気が地表との間に流れると雷となります。人体に電気を流して体脂肪を測ることもあれば感電することもあります。電気が流れるとはどういうことでしょうか?

Let's try
電気の味見実験

　18世紀後半、医師であり物理学者であるガルバニ(1737-1798、イタリア)は、皮をむいたカエルの下半身に切断用メスと固定用メスの2種類の金属を接触させると筋肉が収縮することを発見しました。この発見は、生体電気として生体の神経系の電気信号の研究と、ガルバニ電池として電池の研究につながりました。ボルタ(1745-1827、イタリア)はこれを物理的な現象ととらえ、銅板と亜鉛板を電解質溶液(硫酸)に入れた電池を作りました。電圧の単位、ボルトにその名を残しています。

　それではまず、ガルバニのように考えてみるために次のような実験をしてみましょう。スプーンとアルミ箔という2種類の異なる金属を舌の上にのせて、接触させるとどうなるかその変化を体感してみましょう。

ガルバニの実験
(出典: Luigi Galvani 作　Luigi Galvani experiment on flogs leg、1791)

準備

- 実験道具 -
ステンレス合金製のスプーン1つ
アルミ箔(1 cm × 10 cm ほどの
短冊型に折りたたんでおく)

実験のポイント
アルミの酸化膜をはがすため、アルミ箔を少し擦っておくとよい。
注意: アルミを過剰摂取しないように味見は少しにしましょう。

実験手順

① 舌にスプーンとアルミ箔をのせます。このとき、スプーンとアルミ箔は接触しないように離しておきます。まずはこの状態で舌の感覚を確かめておきます。

② 次にスプーンとアルミ箔を写真のようにつないで、舌の上にのせましょう。舌で味の変化を感じ取れるでしょうか？

結果

　手順①でスプーンとアルミ箔を舌に乗せても、それらを接触させなければほとんど何も感じませんでした。ところが②ではスプーンとアルミ箔を舌に乗せた途端、金属の味がしました。少ししびれると感じたり、温かく感じた人もいました。この金属味は、唾液中に溶け出したアルミニウムイオンを舌が感じとった味です。

　なぜスプーンとアルミ箔を接触させると、舌に金属味がしたのでしょうか？このことを明らかにするために、異なる 2 種類の金属の間に LED（発光ダイオード）をつないでどうなるのか実験してみましょう。

Let's try
キッチン電池実験：LED を光らせよう！

キッチンにあるもので LED を光らせてみましょう。ここにあげた材料以外でも実験してみるとよいでしょう。

準備

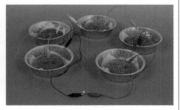

－極　＋極

- 実験道具 -
アルミ皿、銅たわし、
食塩水（水 250 ml、食塩 40 g または大さじ 2 杯）、キッチンペーパー、LED、導線6 本

実験手順

アルミ皿にキッチンペーパーを敷き、その上に銅たわしを置きます。銅たわしとアルミ皿が接触しないようにします。これが 1 組の電池になります。銅たわしが正電極でアルミ皿が負電極です。食塩水を注ぎ、LED が光るかどうか様子をみましょう。

次に電池を増やしていきましょう。銅たわしを隣のアルミ皿に、アルミ皿は別の隣の銅たわしに導線でつなぎます。回路をつないでから最後に食塩水を注ぎましょう。5 組つなぐと LED が光ります。

実験のポイント
※ LED の長い足（＋極）を銅たわしに、足の短い方（－極）をアルミ皿につなぐ。LED などのダイオードはつなぎ方をまちがえると電流が流れません。
※ LED の回路に抵抗を入れる必要はありません。
※キッチン電池をたくさんつないでも、内部抵抗が大きいため電流はあまり大きくなりません。

電気の味見実験のはじめの状態

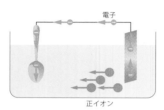

電気の味見実験の電流の流れ

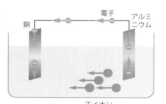

キッチン電池実験の電流の流れ

閉回路を電流が流れる。

回路が閉じていないと、電流は
流れない。

結果

　アルミ皿に食塩水を注ぐと、写真のように LED が光りました。導線には電気が流れたのです。電気の味見で感じたように、食塩水の中にはアルミニウムイオンが溶け出しているはずです。ではアルミニウムの分子が持っていた電子はどこへいったのでしょうか？

化学電池

　電気の味見実験とキッチン電池実験は、左図のように閉じた経路を作り電気が流れるようにしたものです。2 種類の異なる金属を接触させると金属中を電子が移動し、水溶液中をイオンが移動します。電子が移動したことは LED が光ったことからわかります。イオンの移動は金属味で確かめました。

　化学電池の基本的な材料は、2 種類の金属と電解質の水溶液です。2 種類の金属は、電気の味見実験ではアルミ箔とステンレス合金製スプーン（ステンレス合金はニッケルやクロムが主成分）です。キッチン電池ではアルミニウムと銅です。電解質の水溶液に対応するのは、それぞれ唾液と食塩水です。

　金属を電解質の水溶液に入れると、金属イオンが溶け出します。金属の分子は金属イオンになり電子が放出されます。電気の味見実験で、始めは舌が何も感じなかったのは、アルミ箔とスプーンを接触させていなかったため、放出された電子は流れることができず、アルミニウムがイオンになることができなかったのです。アルミ箔をスプーンに接触させると閉じた回路となり電子は金属中を流れ、イオンは水溶液中を流れます。電荷を持った粒子の流れを**電流**といいます。

> ### POINT
> **電流は、金属中の自由電子の流れ、水溶液中のイオンの流れ**

　アルミニウムと銅を食塩水に浸すと、アルミニウムの方が銅よりイオン化傾向が大きいため先にアルミニウムイオンが溶け出します。するとアルミニウムには電子が残されるので負電極となります。残された電子はアルミニウムと銅を接続している導線の中を通って銅の方へ移動します。この電子の移動が、銅の正電極からアルミニウムの負電極へ流れる電流となります。左図のように閉回路ができていないと電流が流れません。

イオン化傾向　　**検索**　いろいろな金属のイオン化傾向を調べてみましょう。アルミニウムと銅の他に、化学電池の電極に用いることができるのはどのような組み合わせがあるでしょうか？

電流

　電流の大きさは、単位時間当たりに導体の断面を通過する電気量の大きさです。電流の単位は、**アンペア**（A）を用います。1 A の電流とは、1秒間に導体の断面を電気量の大きさ 1 **クーロン**（C）が通過することです。導体の断面を通過した電気量の大きさ Q（C）が t 秒間流れたときの電流 I（A）は下のようになります。

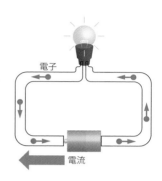

図13　電流の向き
電流の向きは正の電気の移動する向きなので、自由電子が移動する向きとは逆です。

> **POINT**
>
> $$電流 = \frac{電荷}{時間} \qquad I\,(A) = \frac{Q\,(C)}{t\,(s)}$$

　電流の向きは正の電荷の流れの向きとします。負の電荷（電子）の流れは逆向きに正の電荷が流れると考えるので、図13のような時計まわりの電流が流れることになります。金属中を流れる電流の担い手は、負の電荷を持つ自由電子です。電流の向きは自由電子が移動する向きと逆になっています。

　次に導体を流れる電流の大きさを、自由電子の移動として表してみましょう。図14のような断面積 S の導体中の電流を考えます。電流の大きさとは、導体の断面を1秒間に通過した電気量の大きさです。そこでまず中央の桃色の部分の左側の断面を1秒間に通過する自由電子の数を求めます。単位体積当たりの自由電子の数を n 個、導体中の自由電子の平均の速さを v とすると、1秒間に nvS 個の自由電子がその断面を通過します。自由電子の電荷は素電荷 e なので、電流の大きさ I は、$envS$ となります。

mini-exercise

導線の断面を1秒間に 1 mol の電子が流れた時の電流は何 A か？ただし、1 mol は 6.0×10^{23} 個、電子の電荷は 1.6×10^{-19} C とする。（9.6×10^4 A）

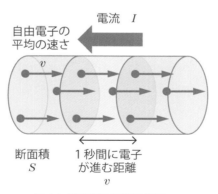

電流　I

自由電子の平均の速さ

v

断面積 S　　1秒間に電子が進む距離 v

図14　自由電子の流れと電流

> **POINT**
>
> 電流の大きさ
> ＝素電荷×自由電子の数密度×自由電子の速さ×導体の断面積
> $$I = envS$$

電気回路、電流、電圧、電池は
それぞれ水路、水の流れ、高低差、
ポンプに対応している。閉回路になっ
ている。

電圧

回路に電圧（電位差）がかかると電流が流れます。電気回路を水路に例えると、水の流れが電流に対応し、高低差が電圧に対応します。水路の水は重力によって高い方から低い方へ移動します。導体の両端に電池や電源装置をつないで電圧をかけると、導体中の自由電子は電気力を受けて電流として導体中を流れます。電圧の単位は**ボルト**（V）です。

電気抵抗

自由電子が金属導線などの導体の中を進むとき、金属イオンの熱振動で動きが妨げられます。電流の流れにくさを**電気抵抗（抵抗）**といいます。導体に流れる電流は導線の両端にかけた電圧に比例します。これを**オームの法則**といいます。電圧1Vのとき流れる電流が1Aになる電気抵抗を1**オーム**（Ω）といいます。

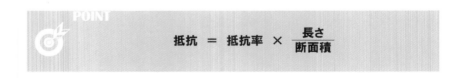

オームの法則

$$電流 = \frac{電圧}{抵抗} \qquad I = \frac{V}{R}$$

電気抵抗の値は、導体の材質や長さ、断面積などによって異なります。導体の断面積が大きくなると電流が流れやすくなるので、電気抵抗の大きさは小さくなります。導体の長さが長くなると電流が流れにくくなるので、電気抵抗の大きさは大きくなります。同じ材質の場合の電気抵抗の大きさは、断面積に反比例し、長さに比例します。その比例定数を**抵抗率**といい、材質によって異なります。

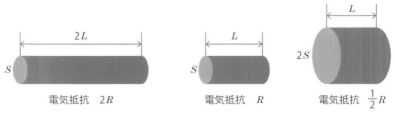

$$抵抗 = 抵抗率 \times \frac{長さ}{断面積}$$

電気抵抗　$2R$ 　　　電気抵抗　R 　　　電気抵抗　$\frac{1}{2}R$

図15 長さと断面積の異なる電気抵抗

ジュール熱

容器の水の中で電熱線ヒーターに電流を流すと、水を温めることができます。ジュールは電流から発生する熱量が電流の 2 乗に比例することを発見しました。電熱線は電気抵抗を持つ導体でできているので、電流を流すと熱を発生します。この熱を**ジュール熱**といいます。

POINT

ジュール熱 ＝ 抵抗 × 電流² × 時間

金属の両端に電圧をかけると、金属中の自由電子は正電極に向かう静電気力によって動きます。このとき金属中の陽イオンと衝突しながら動くので、陽イオンの熱運動が激しくなり熱が発生するのです（図16）。

電力

日常生活で電気器具を使うには電力が必要です。電力を滝で水車を回す力に例えると、電圧が滝の高さ、電流が滝の水量に対応します。水車が電気器具に対応します。より高く、より水量の多い滝がより多くの水車を回すことができます。より大きな電流、高い電圧で大きなエネルギーを生み出すことができるということです。

電力とは単位時間当たりの電気エネルギーのことで、電圧と電流の積で与えられます。

POINT

電力 ＝ 電圧 × 電流

電力の単位は **W(ワット)** です。電力は単位時間当たりのエネルギーなので、電力と時間の積が電気エネルギーです。エネルギーの単位との関係は 1 W ＝ 1 J/s です。

例えば日本の家庭用コンセントの電圧は 100 V であるため、2 A の電流を流すと 200 W の電力が得られます。身近な電気器具についているラベルで消費電力を見てみましょう。消費電力の小さいものとしては電気スタンドで 60 W、大きいものとしてはヘアドライヤーで 1200 W などがあります。ヘアドライヤーを 30 秒使ったときの消費エネルギーは電気スタンドを 600 秒 ＝ 10 分使ったときのエネルギーに等しいということになります。

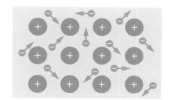

低温の導体

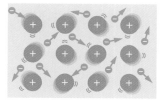

陽イオンの熱運動が激しくなり、温度が上がる

図 16　導体の熱運動

TIPS

契約アンペア

日本の家庭用コンセントの電圧は 100 V ですが、家庭内で使用する電流の上限値は電力会社との契約により異なります。これを契約アンペアと呼び、電気の基本料金に関係します。一般に契約アンペアが大きいほうが基本料金は高くなります。契約アンペアを超過する電流が使用されるとブレーカーが落ちるのです。一度に多くの電気器具が使用できないのはこのような理由があるのです。

電気用図記号

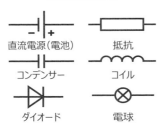

直流電源(電池)　　　抵抗

コンデンサー　　　　コイル

ダイオード　　　　　電球

ダイオード

電流を一定方向にしか流さない（整流作用）電気回路の素子をダイオードといいます。実験で用いた LED は発光するダイオードです。

電気回路

電池や電球などを導線でつないで電流の流れる経路を作ったものを**電気回路**、あるいは**回路**といいます。電気回路は左の電気用図記号を用いて表します。

図 17 の電気回路において、抵抗を R、電圧を V、電流を I とすると、それらはオームの法則 $V=IR$ を満たします。

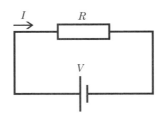

図 17　オームの法則 : $V = IR$

直列接続

いくつかの電気抵抗を直列に接続することは、抵抗が長くなったことに相当します（図 15 左参照）。図 18 のように抵抗値 R_1（抵抗 1）、R_2（抵抗 2）の 2 つの抵抗を直列に V の電源につないだ場合を考えましょう。図 18 の 2 つの抵抗の回路を図 17 の 1 つの抵抗の回路とみなしたときの図 17 の抵抗を**合成抵抗**といいます。合成抵抗の値 R は 2 つの抵抗値の和になります。

> **POINT**
> **抵抗の直列接続**
> **合成抵抗＝抵抗 1 ＋抵抗 2　　　$R = R_1 + R_2$**

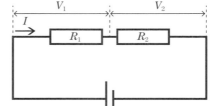

図 18　直列回路

mini-exercise

抵抗 R を N 個直列につなぐと、導体が N 倍長くなるのと等しくなります。長さと断面積の異なる電気抵抗の関係を用いると、合成抵抗は R の何倍になるでしょうか？
（R の N 倍）

この直列回路に流れる電流の大きさを I とするとき、抵抗 R_1、R_2 の両端の電位差 V_1、V_2 は、オームの法則より次のようになります。

$$R_1 \text{ の抵抗にかかる電圧} : V_1 = R_1 I$$
$$R_2 \text{ の抵抗にかかる電圧} : V_2 = R_2 I$$

これらは、全体の電圧 V と次のような関係を満たしています。

$$V = V_1 + V_2$$

並列接続

　いくつかの電気抵抗を並列に接続すると、抵抗である導体の断面積が大きくなったことに相当します（図15右参照）。電流が流れやすくなるので、抵抗は小さくなるはずです。図19のように抵抗値 R_1、R_2 の2つの抵抗を並列に V の電源につないだ場合を考えましょう。

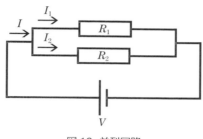

図19 並列回路

　並列に接続された2つの抵抗にかかる電圧は、同じ2点間の電圧なので等しくなっています。R_1、R_2 の抵抗に流れる電流の大きさをそれぞれ I_1、I_2 とすると、オームの法則より

$$R_1 に流れる電流：I_1 = \frac{V}{R_1}$$

$$R_2 に流れる電流：I_2 = \frac{V}{R_2}$$

$$全体に流れる電流：I = \frac{V}{R}$$

と書けます。全体の電流は、R_1 と R_2 に流れる電流の和なので

$$I = I_1 + I_2$$

という関係があります。これらを変形して

$$\frac{V}{R} = \frac{V}{R_1} + \frac{V}{R_2}$$

これより合成抵抗 R の関係は次のようになります。

mini-exercise

　抵抗 R を N 個並列につなぐと、導体の断面積が N 倍大きくなるのと等しくなります。長さと断面積の異なる電気抵抗の関係を用いると、合成抵抗は R の何倍になるでしょうか？

（R の $\frac{1}{N}$ 倍）

 POINT

抵抗の並列接続

$$\frac{1}{合成抵抗} = \frac{1}{抵抗1} + \frac{1}{抵抗2} \qquad \frac{1}{R} = \frac{1}{R_1} + \frac{1}{R_2}$$

Exercise 並列回路

Q1

抵抗値が $R_1 = 30\ \Omega$、$R_2 = 40\ \Omega$ の2つの抵抗を並列に電源に接続した回路があります。R_2 の抵抗を流れる電流の大きさが $I_2 = 1.2\ A$ のとき、次の問いに答えよ。

(1) 抵抗 R_2 の両端の電圧 V_2 は何 V か？
(2) 抵抗 R_1 の両端の電圧 V_1 は何 V か？
(3) 電源の電圧 V は何 V か？
(4) 抵抗 R_1 を流れる電流 I_1 は何 A か？
(5) 回路全体を流れる電流 I は何 A か？

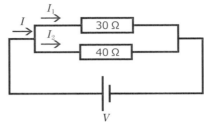

A1

(1) オームの法則より、$V_2 = R_2 \times I_2 = 40\ (\Omega) \times 1.2\ (A) = 48\ (V)$
(2) 抵抗 R_1 と抵抗 R_2 の両端は同じ2点間の電位差なので、$V_1 = V_2 = 48\ (V)$
(3) 電源の両端も2つの抵抗の両端と等しいので、$V = V_1 = V_2 = 48\ (V)$
(4) 抵抗 R_1 を流れる電流 I_1 は、$I_1 = \dfrac{V}{R_1} = \dfrac{48\ (V)}{30\ (\Omega)} = 1.6\ (A)$
(5) 回路全体を流れる電流 I は、$I = I_1 + I_2 = 1.6\ (A) + 1.2\ (A) = 2.8\ (A)$

Q2

抵抗値が $0.8\ \Omega$、$2\ \Omega$、$3\ \Omega$ の3つの抵抗を図のように $10\ V$ の電源に接続した回路があります。3つの抵抗を流れる電流の大きさ I_1、I_2、I_3 はそれぞれ何 A でしょうか？

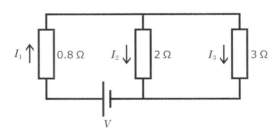

A2

回路の右側2つの抵抗は並列接続なので、2つの抵抗の合成抵抗 R を求めると

$$\frac{1}{2} + \frac{1}{3} = \frac{1}{R}$$

より $R = \dfrac{6}{5}\ (\Omega)$ となります。

合成抵抗 R と左端の抵抗は直列接続なので、右側2つの合成抵抗 R と左側の抵抗の合成抵抗 R' を求めると

$$R' = R + 0.8 = 1.2 + 0.8 = 2\ (\Omega)$$

となります。

オームの法則より左端を流れる電流は、この合成抵抗 R' を流れる電流と同じなので、

$$I_1 = \frac{10(V)}{2(\Omega)} = 5(A)$$

となります。

右側2つの抵抗を流れる電流 I_2、I_3 は

$$I_2(A) \times 2\ (\Omega) = I_3\ (A) \times 3\ (\Omega)$$

および

$$I_2 + I_3 = I_1 = 5(A)$$

より、$I_2 = 3(A)$、$I_3 = 2(A)$ となります。

身近な抵抗の話

感電

電気が流れるということは、金属導線に自由電子が流れることです。また、水溶液や生体にもイオンが流れることを見てきました。それでは、生体に電気が流れて感電するのはどのようなときなのでしょうか。

Let's discuss!
スズメが感電しないのはなぜ？

写真のように電線にスズメが両足でとまっています。どうしてスズメは感電しないのでしょうか？

❶ 電線が感電しない特殊な皮膜で覆われている

❷ スズメは電気が流れにくい物質でできているため

❸ 感電しないようにとまっているため

❹ 実は感電してるが、気がついていない

Skit!

電線にとまっているカラスや鳩も、みんな感電していないみたい。

高圧線に接触して感電死というニュースを聞くので、感電は怖いですね。

電流が流れている電線に、スズメが両足でとまるとどうなるのでしょうか。

地上 10 m に設置されている高圧電線には 6600 V という高い電圧がかかり、大きな電流が流れています。スズメが 1 本の電線に両足でとまっているとき、右上の図のようにスズメの両足と電線の接する 2 点間には、電線とスズメの 2 通りの電流の流れ道ができます。スズメの抵抗は電線（金属）の抵抗に比べてとても大きいので（次頁の表参照）スズメに電流はほとんど流れません。

仮に右下の図のようにスズメの片足が伸びて、地面に触れたらどうなるでしょうか？地面を電位の基準の 0 V として、地面に接地された発電所から電力が供給されています。スズメの片足が地面につくと、地面→電線→スズメ→地面という閉じた経路ができ、スズメの両足の間に 6600 V の電位差が生じスズメの体内に電気が流れます。

右図のような街の中にある電柱につながる電線は絶縁体で覆われていますが、鉄塔で地上高く通る電線はふつう被覆されていません。絶縁被覆されていても感電することがあります。

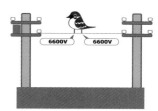

両足が 1 本の電線上ならスズメに電流は流れない

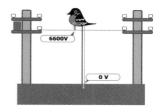

片足を地面につけるとスズメに電流が流れる

| 電柱　接地 | **検索** 電柱で電力の供給線がどのように接地されているか調べてみましょう。 |

人体の抵抗

　人体に微弱な電流を流して電気抵抗を測ることができます。人体の抵抗はどれくらいでしょうか？

Let's try
君の抵抗はいくら？

抵抗を測るテスターの両端子を両手でつかんで、両手の間の抵抗値を測定してみましょう。

準備

- 実験道具 -
テスター、水少々
テスターの使い方を確認しましょう。抵抗を測定するには、Ωのところにロータリースイッチを合わせましょう。

実験手順

実験①
テスターの2つの端子を、両手でしっかりとつまむように持ち、抵抗値を読み取りましょう。どのような体格の人の抵抗が大きくなるのかいろいろな人の抵抗を測定してみましょう。

実験②
花子さんと太朗さんの2人で手をつないだときの抵抗値を測定しましょう。花子さん、太朗さんそれぞれの抵抗値と、手をつないだときの抵抗値はどう関係しているでしょうか？

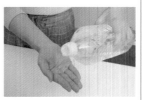

実験③
次に両手に水をたっぷりつけてから、同様に測定してみましょう。抵抗値はどうなるでしょうか？

Information
様々な物質の抵抗率

物質	抵抗率（Ω·m）
アルミニウム	2.7×10^{-8}
鉄	9.7×10^{-8}
海水	0.20
磁器	1.7×10^{12}

アルミニウム、鉄の値は20℃の場合。海水の値は20℃、塩分濃度35g/kgの場合。
（引用：海水 Kaye&Laby, Tables od Physical & Chemical Constants, National Physical Laboratory (2017);磁器 Engineering Tool Box (2008)25；アルミニウム、鉄 Raymond A. Serway (1998). Principles of Physics (2nd ed.).）

結果

　実験①では、花子さんの抵抗が400 kΩ、太郎さんの抵抗が300 kΩでした。太郎さんの方が抵抗が小さくなりました。②で、2人手をつないで測定すると、640 kΩでした。それぞれの抵抗の値よりは大きいものでした。③で水で手を濡らして測定すると、花子さんは150 kΩとなり、太郎さんは80 kΩと、非常に小さくなりました。濡れた手で2人でつないで測定すると、110 kΩとなりました。

解説

　人によって抵抗の値は異なります。人体の成分比率、大きさ、皮膚の表面の乾燥具合による接触抵抗によって異なります。物質の抵抗率は左の表のようになっています。茶碗など磁器は抵抗が非常に大きく、電流はほとんど流れません。金属は抵抗が非常に小さく、よく電流を流します。

　人体の重さの約6割を占める水分（塩分約0.9%で表の海水の値よりわずかに大きい）の抵抗率は金属と磁器の間の値で、水分は金属ほどではありませんが電流を流します。筋肉、脂肪、血液にも電流は流れます。そのため感電事故が起こるのです。人体の成分の中でも筋肉の抵抗率は脂肪より小さくなっており筋肉質の人は電流が流れやすいのです。

人体は成分によって抵抗値が異なるので、この抵抗値から体脂肪を推定することができます。人体を流れる電流が胴体を経由するように、2つの電極を両手で持つか、両足を異なる電極にのせるか、電極に足をのせ手で異なる電極を持つか、いくつかの方法があります。

人体に流れる電流が大きいと、人体に傷害を受けることがあります。これを感電といいます。日本の家庭のコンセントは、100 Vの電圧が供給されています。コンセントに直接手で触れたり、漏電した電気器具に触れると感電することがあります。これは、人体は地球に接しているため0 Vである一方で、コンセントや漏電した電気器具はそれより高い電位であるため人体の両端で電位差が生じて電流が流れるのです。

さらにコンセントが危険なのは、発電所から継続的に電流が供給されているため漏電遮断装置が施されていないと人体に大量の電流が流れてしまうためです。心臓を経由するように電気が流れると危険です。わずか1 mAの電流でも軽いショックを感じ、100 mAの電流で心室細動が起こるようになります。1 Aの電流では重症の火傷で即死してしまいます。

人体組織の電気抵抗率

人体組織	抵抗率（Ω・m）
骨格筋	9
脂肪	100
血液	2

（『最新 臨床検査学講座 医用工学概論』、島津秀昭、中章章夫編集、2021年、医歯薬出版株式会社。オームの法則が有効である低周波100Hzの生体組織の導電率の逆数とした。）

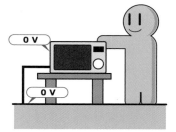

アース（接地）とは、電気器具などの導体の一部を地球と導線で接続することです。電気器具の電位を地面と電位差がないようにしておき、不意の感電を防ぎます。

絶縁破壊

普段電気を通さない物質も、高い電圧をかけると電気が流れます。高い電圧により絶縁状態が保てなくなることを絶縁破壊といいます。普段、空気は電気を流しませんが、雷雲と地球の電位差が空気の絶縁の限界値になったときに電気を通し、落雷となります。落雷時の電圧は数億ボルトにもなることもあります。

Exercise
人体の抵抗率

Q　人の両手間を、断面積 (0.1 m)²、長さ2 mの円筒形で、ある抵抗の値を持つ物体としましょう。その中を電流が流れたと仮定すると、その物体の抵抗は何Ωになるでしょうか？円筒形の断面は、骨格筋45%, 脂肪30%, 血液・体液20%、その他の割合で占められているとして、抵抗率の表を用いましょう。

A　抵抗が抵抗率×長さ÷断面積で与えられ、断面積はそれぞれの成分が占める割合をかけたものを用います。抵抗は各成分の抵抗の和となるので

$$9 \times 2 \div (0.1^2 \times 0.45) + 100 \times 2 \div (0.1^2 \times 0.30) + 2 \times 2 \div (0.1^2 \times 0.20) \fallingdotseq 73 \text{k}\Omega$$

となります。乾燥している手で接触する場合はこれに皮膚表面の接触抵抗が加わります。

例えば両手間の抵抗が200kΩの場合、手が濡れて皮膚接触による抵抗が減ると抵抗の値が半分以下に減ることがあります。

5-3
磁気

磁気って何だろう?

冷蔵庫やホワイトボードにマグネットが貼り付くのはなぜでしょうか?コンパス（方位磁針）をどこに置いても針が同じ向きを指し示すのはなぜでしょうか?磁気って何なのでしょうか?

Let's discuss!
磁石の不思議

方位磁針の針がいつも北を向くのはどうしてでしょうか?身近にある磁石や金属製クリップ、方位磁針で次のことを確かめながら、磁石の不思議な性質を考えましょう。

❶ 方位磁針の針を指でまわしたりしないのに、なぜいつも北を指すのでしょうか?右の写真のように磁石を近づけるだけで針が動くのはなぜでしょうか?これはどのような力がはたらいたのでしょうか?

❷ 棒の形の磁石を2つに割ると、割った部分はN極かS極かどちらになるのでしょうか?
下の図のどの場合になるか選んでみましょう。また、どうしてそうなるのか話し合ってみましょう。

❸ 金属製クリップに磁石を近づけると、磁石ではないクリップが引きつけられるのははなぜでしょうか?

磁気力（磁力）

　方位磁針は磁石でできています。磁石にはN極とS極があります。N極同士、S極同士には斥力がはたらき、N極とS極には引力がはたらきます。これを**磁気力（磁力）**といいます。

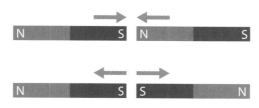

図20　磁気力（磁力）

　地球のまわりには、南極付近にN極、北極付近にS極となるような磁石が作る磁場があります（右図）。これを**地磁気**といいます。方位磁針がいつも北を指すのは、方位磁針のN極と地球の北極付近のS極との間に引力がはたらいているからです。

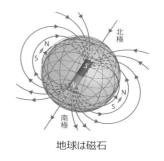

地球は磁石

　また、磁石は必ずN極とS極を持ち、図21のように磁石のどこを割ってもN極とS極ができる性質があります。

　磁石に接触しなくても、磁石に近づくと磁気力がはたらきます。このような磁気力がはたらく空間を**磁場（磁界）**といいます。磁場の中で小さな磁針が受ける磁気力の向きをつなげた線を**磁力線**といいます（図22）。磁力線の接線が磁場の向きです。

図21　磁石の性質

　静電気と磁気は似ている関係があり、電気量の単位クーロン（C）に対応するものとして、磁気量の単位には**ウェーバー（Wb）**を用います。磁場の中に置いた1Wbの磁気量が受ける力の大きさが、磁場の大きさ（強さ）です。

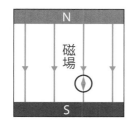
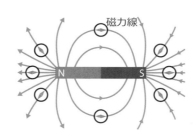

図22　磁場（磁界）と磁力線

　クリップなどの鉄は、それ自体は磁石ではありませんが磁石に引きつけられます。これは近くの磁石の磁場によって、クリップの両端に磁極が現れてクリップが磁石の性質を持つようになるからです。このように物質が外部の磁場により磁石の性質を持つことを**磁化**といいます。

電流が作る磁場

　磁石がないと磁場はできないのでしょうか。1820 年、エルステッド（1777-1851、デンマーク）は電流が流れる導線の近くで方位磁針が動くことから、電流が磁場を作ることを発見しました。電流のまわりに何があるのか、実験で確かめましょう。

Let's try　電流のまわりに何がある？

電流のまわりで方位磁針はどのように振れるのでしょうか？電流が作る磁場の様子を調べましょう。

準備

- 実験道具 -
方位磁針 1 個、
実験用導線（20 cm）
電池 1 個

準備のポイント
電流を流す前の方位磁針の針の向きと一致するように、導線をテープで固定するとよい。

実験手順

実験①

導線の下に方位磁針を置いて電流を流し、方位磁針の針が動く向きを観察しましょう。

実験②

次に導線の上に方位磁針を置いて、同様に観察しましょう。電流を流し続けないようにしましょう。

結果

　電流を流す前、方位磁針は北を向いていました。方位磁針を導線の下に置いたまま電流を南の向きに流すと、図中央の写真ように方位磁針は東に動きました。方位磁針を導線の上に置いて電流を南の向きに流すと、右の写真のように方位磁針は西に動きました。電流のまわりには磁場が発生していることがわかりました。

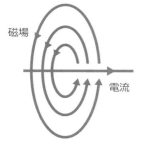

磁場
電流

電流を流す前

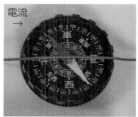

方位磁針は導線の下

方位磁針は導線の上

図　電流を流したときに方位磁針の動く向き

解説

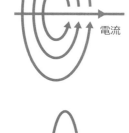

　電流が流れる導線の下側と上側で方位磁針の向きが逆に動きました。方位磁針の向きが磁場の向きなので、図 23 上のような向きに磁場が発生していると考えられます。

　直線電流が作る磁場の向きは、右手の親指を電流の向きに合わせた場合残りの指の向きに一致します（図 23 下）。ペットボトルのフタ（右ねじ）をしめるとき、フタ（右ねじ）が進む向きを電流の向きとして、フタ（右ねじ）を回す右向きが磁場の向きとなります（**右ねじの法則**）。

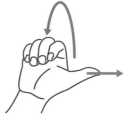

図 23　直流電流による磁場

POINT

右ねじの法則
**電流が作る磁場の向きは、電流の向きに右ねじが進むときに
ねじを回す向きに一致する。**

　いろいろな形をした導線を流れる電流が作る磁場は、導線を細かく分け
てそれぞれの部分が作る磁場を重ね合わせて考えます。円形電流のまわり
には、図 24 のように円形電流の中を貫く磁場が生じます。円形の導線を
コイルといいます。らせんの形にしたソレノイドコイルの場合は、図 25
のようにその中を貫く磁場になります。

荷電粒子にはたらく磁場からの力

　磁場の中の電流は力を受けます。左手の指を図 26 ような形にしたとき、
中指を電流の向き、人差し指を磁場の向きに合わせたとき、電流が受ける
力の向きは親指の向きに一致します。これを**フレミングの左手の法則**といい
ます。電流が受ける力の大きさを、電流の大きさと電流が流れる長さの積
で割った量を、**磁束密度**の大きさといいます。

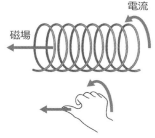

図 24　円形電流による磁場

POINT

フレミングの左手の法則
磁場中で、電流が流れる導線にはたらく力の向きを示したもの

　電流が磁場から受ける力を、磁場の中の荷電粒子が受ける力で説明して
みましょう。磁場の中で動いている荷電粒子が受ける力の向きはフレミン
グの左手の法則の向きで、力の大きさは磁束密度の大きさと荷電粒子の電
気量の大きさと速さに比例します。これを**ローレンツ力**といいます。

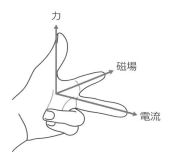

図 25　ソレノイドコイルによる磁場

POINT

ローレンツ力の大きさ
＝　電気量の大きさ　×　磁束密度の大きさ　×　速さ

　電気量の大きさ q を持つ速さ v で動いている粒子が、磁束密度の大きさ
B から受けるローレンツ力 F の大きさは下の式のように与えられます。図
28 のように、紙面の表から裏へ進む向きの磁場（青印、図 27）の中で黒
矢印の向きの速度を持つ正電荷には、赤矢印の向きのローレンツ力がはた
らきます。負電荷には、逆向きのローレンツ力がはたらきます。

$$F = qvB$$

図 26　フレミングの左手の法則

図 27　左は矢羽を後ろから見た記
号で、紙面の表から裏へ進む向きを
表します。右は矢羽を前から見た記
号で、紙面の裏から表に進む向きを
表します。

図 28　ローレンツ力の向き

電場と磁場

電磁波

　電場と磁場が伝播していく波を**電磁波**といいます。スマートフォンに情報を運んでいるのが電磁波です。高圧電線のまわりや電子レンジ、IH調理器のまわりにも電磁波が発生しています。

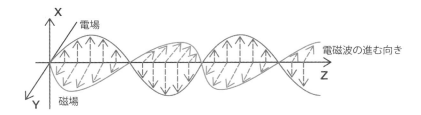

　電磁波は波長によって呼び方が変わり、その性質が異なります。地球上の生物にとって、電磁波はそれぞれの領域で重要な役割を担っています。波長が数百ナノメートル程度の電磁波は私達の目で見える可視光。それよりも長い数メートル程度の波長の電磁波は、ラジオなどに使われる電波。可視光よりも短いナノメートル程度の波長の電磁波は、画像診断に用いられるX線。さらに短いピコメートル程度の波長の電磁波が、がん治療などに用いられるγ線。このように様々な波長の電磁波は、私達の暮らしの中で利用され、また影響を及ぼしています。

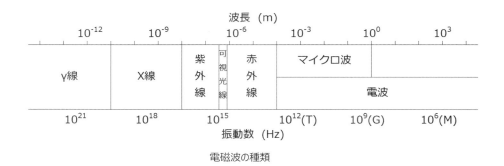

電磁波の種類

　電磁波の波長と振動数の積は電磁波の速さです。電磁波は光の速さで進みます。光の速さを**光速**といい、次のように与えられます。

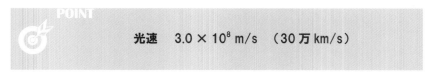

光速　3.0 × 10^8 m/s　（30万 km/s）

　携帯電話端末に使われる数GHzの電磁波は、その波長が10 cm程度でマイクロ波と呼ばれます。この電磁波を受信する携帯電話のアンテナの長さは波長の1/4程度なので内蔵されています。

電磁誘導

IH 調理器は、周期的に変化する磁場を発生させて金属の鍋を加熱します。
周期的に変化する磁場はどのようなことを引き起こすでしょうか。

Let's try
IH 調理器で豆電球を光らせよう！

IH 調理器に、導線だけをつなげた豆電球を近づけたり、アルミ箔を乗せるとどうなるでしょうか？

準備

- 実験道具 -
IH 調理器、豆電球、ソケット、導線（約 5 m）紙コップ 4 個（またはプラスチックコップ）ビニールテープ、小鍋（鍋検知、空焚き防止対応のため氷水を入れる）、アルミ箔（IH 調理器の鍋を置く円に合わせて円環状に切る）

紙コップの底にソケットを固定する小さな穴をあけ、導線をそれぞれ 1 巻きから 4 巻きし（コイル）、ソケットとビニールテープ でつなぐ。豆電球を取り付ける。

実験手順

実験①
IH 調理器に、導線を巻き付けた豆電球を近づけると何が起こるでしょうか。巻き数を変えると明るさはどう違うでしょうか？

実験②
円環状のアルミ箔を乗せてから、IH 調理器ヒーターのスイッチを入れて、アルミ箔の動きを観察しましょう。

結果

実験①で IH 調理器に導線を巻き付けた豆電球を近づけると、豆電球が光りました。導線と豆電球に電流が流れることがわかりました。

＊ IH 調理器の電磁誘導の様子は
YouTube チャンネル：Wabi-Sabi
Physics Lab. で見ることができます。
https://www.youtube.com/
watch?v=cZFwGYPQJk8

実験②で、アルミ箔をのせて IH 調理器をつけると、写真のように浮き
上がりました。アルミと IH 調理器の間で何か反発する力が生じたようです。

IH 調理器

(出典：inside induction stove、Walter
Dvorak)

IH 調理器の中にはコイルが入って
います。コイルに電流の向きが周期
的に入れ替わる交流電流を流すと、
変動する磁場が生じます。金属の
鍋を置くと、変動する磁場により鍋
底に渦電流が発生し、そのジュール
熱で加熱されます。

解説

　実験①で豆電球が光ったのは、豆電球に電流が流れたためです。電池が
ないのに電流が流れたのは、IH 調理器から高周波数で振動する磁場が発生
して、この変化する磁場がコイルに電流を誘導したのです。この現象を**電
磁誘導**といいます。巻き数が多い方がより明るく光る、つまりより多くの
電流が流れます。磁束密度とコイルの断面積の積を**磁束**といいます。磁束
の時間変化の大きさに比例して、磁束の時間変化を打ち消す向きに誘導起
電圧が発生します。これを**ファラデーの電磁誘導の法則**といいます。

　実験②でアルミ箔を浮き上がらせた力を考えましょう。アルミ箔は磁石
に引き寄せられませんが、電磁誘導によって**渦電流**とよばれる渦状の形の
電流が発生します。渦電流は渦を貫く向きに磁場を発生させます。この磁
場と IH 調理器からの磁場が反発し合うのでアルミ箔が浮き上がります。こ
のように、誘導電流の向きが、磁束の変化を打ち消す向きに発生すること
を**レンツの法則**といいます。

　コイルに生じる電磁誘導の法則は次のように表されます。

POINT

電磁誘導の法則

誘導起電圧の大きさ ＝ コイル巻数 × 磁束の時間変化

MRI 画像診断装置ではとても強い
静磁場と、高周波の変動磁場がか
かります。たとえ磁石につかない金
属であっても誘導電流が生じるため、
すべての金属を身体から離さなけれ
ばなりません。

　電流と磁場の関係はモーターや発電機に利用されています。モーターは
磁場の中に置かれたコイルに電流を流すとコイルが回転するというもので
す。発電機はその逆で、磁場の中のコイルを回転させて電磁誘導で発生し
た誘導電流を取り出すものです。

　アルミ箔が電磁誘導で浮いたように、磁石に付かない金属でも誘導電流
が発生します。そのため電磁誘導の現象によって磁気カードの情報が失わ
れたり、ペースメーカーなどの医療機器の誤動作などにつながることがあ
ります。

1

電気量1C（クーロン）は、電気素量の何個分か？電気素量を $e = 1.60 \times 10^{-19}$ C として計算せよ。

2

$+8.5 \times 10^{-6}$ C と -3.5×10^{-6} C に帯電した2つの導体がある。この2つの導体を接触させたところ、導体は2つとも等量の電気量で帯電するようになった。このとき帯電した電気量は何Cか。

3

シャープペンシルの芯に 1.5 V の電圧をかけたとき 0.50 Aの電流が流れた。芯の抵抗は何Ω（オーム）か？

4

2個の点電荷が距離 r (m) 離れて置かれている。この点電荷が置かれている距離を2倍にすると、点電荷にはたらく静電気力の大きさは何倍になるか。

5

負電荷が作る電場の中に、2.0 C の電荷をおくと180 N の静電気力を受けた。このときの電場の強さは何N/C か。その電場の向きは、2.0 C の電荷にはたらく力の向きと同じ向きか、逆の向きか。

6

導線の断面を30秒間に6 C の電気量が通過したときの電流の強さは何Aか？

7

100 V の電圧につないだときに消費される電力が60 W の電球Aと、40 W の電球Bがある。消費電力が大きい方が明るく光る。それぞれ下の図のように 100 V につないだとして、下の問いに答えよ。ただし、電球の抵抗値は電流によらず一定だとする。

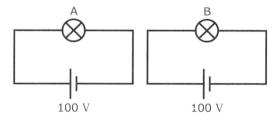

① AとBのどちらが明るいか？

② AとBに流れる電流はそれぞれ何Aか？

③ AとBの抵抗はそれぞれ何Ωか？

1

図のように、ひと巻のコイルの矢印の方向に電流が流れている。コイルの中央に方位磁針を置いた場合、針はどちらを向くか？紙面の手前から奥向きか、その逆の向きか？

電流

2

100 V の電圧につないだときに消費される電力が 60 W の電球 A と 40 W の電球 B がある。この 2 つの電球を下の図のように直列につないだとして、下の問いに答えよ。ただし消費電力の大きい方が明るく、電球の抵抗値は電流によらず一定だとする。

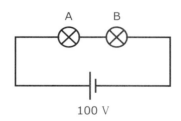

100 V

①電球 A と B の合成抵抗は何Ωか？

②この回路に流れる電流は何 A か？

③ A と B の消費電力はそれぞれ何 W か？

④このとき、A と B のどちらが明るいか？

3

断面積 $S = 1.0$ mm^2 の銅線に $I = 1.0$ A の電流が流れているときの、自由電子の平均の速さ v はいくらか？ただし、銅の自由電子の数密度は $n = 8.5 \times 10^{28}$ 個 / m^3、電子の電気量は $e = 1.6 \times 10^{-19}$ C とする。

4

環状になっている導線に磁石を近づけたり遠ざけたりすると、環状の導線に誘導電流が流れる。下の問いに答えよ。

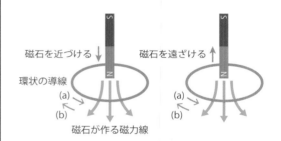

磁石を近づける　　磁石を遠ざける

環状の導線

(a)　　　　　(a)
(b)　　　　　(b)

磁石が作る磁力線

①左図のように磁石の N 極を近づけたときに流れる誘導電流の向きは、図中の (a) か (b) のいずれか？

②右図のように磁石の N 極を遠ざけたときに流れる誘導電流の向きは、図中の (a) か (b) のいずれか？

③環状にした導線の巻き数を 2 倍にすると、流れる電流の大きさは何倍になるか？

④磁石を動かす速さを 2 倍にすると、流れる電流の大きさは何倍になるか？

放射線の性質

これは放射線の軌跡を見えるようにする霧箱という装置の中で、天然の石から放射線が出ている様子を見たものです。
身のまわりの物質は、放射線を出さない安定な物質と放射線を出す不安定な放射性物質でできています。
この章では放射線の正体や性質を学びましょう。

放射線

第6章

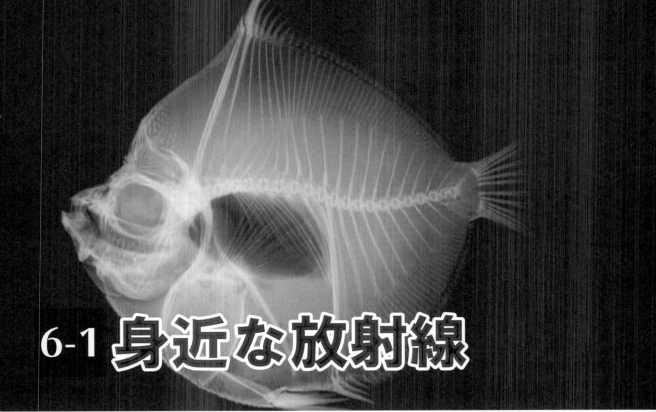

6-1 身近な放射線

身のまわりの放射線

　　　X線写真では、普段見ることのできない物体の内部を撮影することができます。私達はX線を始め、医療に利用されている様々な放射線に助けられています。一方で、被ばく、原発事故など、放射線は私達の健康や暮らしを脅かすことがあります。放射線と上手につきあっていくために、放射線について学びましょう。ここでは放射線が身のまわりのどのような所にあるのか、どのように利用されているのかをみていきます。

Let's discuss! 放射線について知っていること

放射線についての質問です。「はい」か「いいえ」で答えましょう。理由も含めてグループで話し合って考えてみましょう。

❶ 私達は普段、放射線を浴びているのでしょうか？

❷ 飛行機で高い高度を飛ぶとき、機内で放射線を浴びるのでしょうか？

❸ 私達の体から放射線が出ているのでしょうか？

❹ 放射線は細菌やウイルスのように、人にうつるのでしょうか？

❺ 放射線を発見した人を知っていますか？

❻ 放射線はX線写真の他にも医療に応用されているのを知っていますか？

天然石（御影石）の道

解説

❶ はい。地球を構成している元素には放射性物質も含まれており、御影石（花崗岩）などの岩や石からも放射線が出ています。空からは、宇宙線と呼ばれる太陽や銀河から飛来する放射線が地球に降りそそぎ、私達の体の中を通り抜けています。

❷ はい。太陽や銀河から地球に飛来する放射線は大気の層でさえぎられています。飛行機で高度の高い上空を飛行すると、放射線をさえぎる大気の層の厚みが減るため、普段よりもたくさんの放射線を浴びることになります。

❸ はい。体内にも微量の放射性物質があり放射線が出ています。筋肉組織等にはカリウム40という放射性物質が含まれています。骨や腎臓、肝臓にも鉛210、ポロニウム210などの放射性物質が含まれています。

❹ いいえ。放射線は菌やウイルスのように人にうつるものではありません。放射線は、放射性物質がより安定な物質になるときに放出される場合と、X線装置などで発生させる場合があります。放射性物質や放射線を発生させる装置がなければ、放射線が放出されることはありません。

❺ 放射線を発見した代表的な3人は、レントゲン、ベクレル、マリー・キュリーです。1895年、レントゲンは、黒い紙で覆った放電管で電子線の実験をしていたとき、机の上の蛍光紙の上に暗い線が表れるのに気づき、その原因となる放射線をX線と名づけました。1896年、ベクレルは、ウラン塩の蛍光の研究中に、ウランが放出したアルファ線といわれる放射線が写真乾板を感光させることを発見しました。1897年、マリー・キュリーは、ベクレルの発見を解明するためにウラン以外の物質を調べ、トリウムもウランと同様に放射線を出す性質があることを発見し、その性質を放射能と名付けました。

❻ 医療応用には、大きく分けると画像診断、放射線治療、核医学の3種類があります。画像診断としては、X線撮影、CT（コンピュータ断層撮影）、PET（陽電子放射断層撮影）、SPECT（単一光子放射断層撮影）などがあります。放射線治療では、X線やガンマ線、重粒子線をがん細胞にあてて死滅させます。医療応用以外では、放射線照射による滅菌や、ジャガイモなどの食品に照射し長期保存のため発芽抑制することがあります。煙探知機やセンサーなどの様々な分野への利用もあります。

（出典：Nicola Perscheid）
ヴィルヘルム・レントゲン
（Wilhelm Conrad Röntgen、1845-1923）
ドイツの物理学者。1901年、X線の発見により第1回ノーベル物理学賞を受賞しました。

（出典：Paul Nadar）
アンリ・ベクレル
（Antoine Henri Becquere、1852-1908）フランスの物理学者・化学者。1903年、ウランからの放射線の発見によりノーベル物理学賞を受賞しました。放射能の単位ベクレルは彼に由来しています。

（出典：Henri Manuel）
マリー・キュリー
（Marie Curie、1867-1934）ポーランド出身の物理学者・化学者。1903年放射能の研究によりノーベル物理学賞、1911年にはラジウムとポロニウムの発見などによりノーベル化学賞を受賞しています。物質が放射線を出す能力を「放射能」と名付けました。放射能の単位としてキュリーもあります。

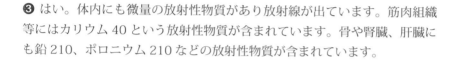

6-1 身近な放射線

簡単な放射線測定器を使って、身のまわりのいろいろな物や場所の放射線を測ってみましょう。石垣、壁、公園の岩、墓石、地下鉄駅構内、干し昆布などはどうでしょうか？

Let's try 放射線はどこにあるのかな？

放射線測定器で身のまわりの放射線を測ってみましょう。どのような所に放射線が多いのか考えましょう。

準備

- 実験道具 -
放射線測定器（GM管やシンチレーション検出器）
天然石（モナズ石、ユークセン石など）
カリ肥料
イオン化式煙感知器（放射性物質を使用しているもの）
その他の放射線源
※放射線源は適切に取扱い、保管しましょう。

実験手順

（SOEKS製GM管）

放射線測定器の使い方と表示される数字の単位を確認しましょう。左の写真の単位は μSv/h です。測定器には、放射性物質が付着しないようにビニール等をかぶせて使用します。3回ずつ測定して平均を取り測定値とします。

実験①
教室の中で何もない所を基準値として測定します。次に、用意した物質を測定してみましょう。

実験②
教室を出て、校舎のまわり、壁、校舎の雨どいの下、林や吹きだまりなどを測定してみましょう。

※シーベルト（Sv）
GM管、シンチレーション検出器などの放射線測定器で表示される単位として、マイクロシーベルト毎時（μSv/h）があります。1時間当たりの放射線の線量を表します。

※簡易GM管はシンチレーション検出器としくみが異なるため、測定値が多少異なります。ここで用いたSOEKS製GM管ではガンマ線とベータ線を測定しており、少し大きめの値が出ます。

結果

教室での値は、0.08 μSv/h 程度でした。用意したものの放射線を下の写真のように測りました。煙感知器は 0.32 μSv/h、カリ肥料は 0.2 μSv/h と少し大きめの値となりました。右写真で測っているのはユークセン石という天然石で、20 μSv/h と非常に大きくなりました。

煙感知器　0.32 μSv/h

カリ肥料 0.2 μSv/h

ユークセン石 20 μSv/h

教室を出て放射線を測ってみましょう。写真のように公園では 0.12 μSv/h、公園の池のまわりでは 0.08 μSv/h でした。天然石の上で測ってみると 0.15 μSv/h でした。

池 0.08 μSv/h　　　　公園の木の近く 0.12 μSv/h　　　　像と台 0.15 μSv/h

解説

　身のまわりには平均して 0.1 μSv/h 程度の放射線がありました。現在日本では、一般人に対して 1 年間当たり 1 mSv（ミリシーベルト）を基準としています。この基準は安全と危険の境界という意味ではなく、安心して暮らせる目安です。様々な条件で基準は異なります。これは、1 時間当たり 0.12 μSv に相当します。自然放射線の世界平均は 1 年間に 2.4 mSv で、このうち宇宙線から 0.38 mSv、空気中のラドンガスから 1.3 mSv、岩石や建物や食物から 0.7 mSv となっています。

　写真の公園の像や台で少し高い値が測定されたのは、放射性物質を含んでいるからです。このように、自然にある放射線のほとんどは天然にできた放射性物質から放出されるものです。一方で、人工的に作られる放射性物質として、原子力発電でできる放射性物質などがあります。また、医療応用として画像診断やがん治療のために、放射性物質を作り放射線を利用することもあります。

T I P S
イオン化式煙探知機

イオン化式煙探知機

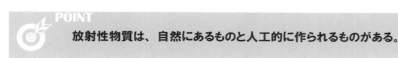

POINT
放射性物質は、自然にあるものと人工的に作られるものがある。

自然にある放射性物質と人工的に作られた放射性物質から発生する放射線に違いはありません。

　最近では利用が減ってきましたが、アメリシウム 241 という放射性物質が用いられているイオン化式煙探知器です。放射性物質の電離作用による微弱な電流が流れており、煙が侵入すると電流が変化して煙を感知します。

Let's discuss!
放射線の量はどのくらいだろう？

以下の放射線の線量は、普段生活しているときの1年分の放射線の何倍くらいでしょうか？ Let's try で測定した結果に基づいて予想してみましょう。

1. 飛行機で東京とニューヨークを往復するとき
2. 胸部 X 線検査1回と CT 検査1回
3. ラドン温泉に1年間いるとき
4. 1 kg の干し昆布を食べるとしたとき
5. 世界一放射線の多い場所に1年間いるとき

解説

日本で生活しているときに浴びる1年間の放射線の線量の平均は 2.1 mSv です。

1. 約 0.1 倍です。飛行機で東京とニューヨーク往復すると約 0.2 mSv とされています。

2. 胸部 X 線検査で約 0.03 倍、CT 検査で約 1 ～ 6 倍です。胸部 X 線検査は平均 60 μSv、CT 検査は 2.4 ～ 12.9 mSv です。

3. 0.6 倍になる場所があります。ラドン温泉のラドンガスで1年間に 1.3 mSv の場所があります。

4. 約 0.006 倍です。1 kg の干し昆布に含まれるカリウム 40 から出る放射線で約 12 μSv になります。（約 2000 ベクレルあるとされます。）

5. 約 5 倍です。ブラジルでは1年間に 10 mSv の地域もあります。

私達は自然から放射線を浴びています。空気中に漂っているラドンガスなどの放射性物質を呼吸によって吸い込んだり、食品に含まれていたり付着しているものを取り込むこともあります。花崗岩や流紋岩などの岩石や土壌、建物に使用されるコンクリートや壁材には微量の放射性物質が含まれて、それらから放射線を浴びています。宇宙からは宇宙線といわれる放射線が降り注いでいます。太陽からくるものを太陽宇宙線といい、銀河からくるものを銀河宇宙線といいます。宇宙線の多くは地球表面の大気と地球磁場によって遮蔽されています。これら自然放射線の割合は日本と世界で次のようになっています。

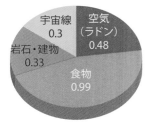

一人当たりの年間線（mSv）
日本平均　2.1 mSv

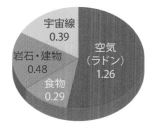

一人当たりの年間線（mSv）
世界平均　2.4 mSv

（出典：生活環境放射線（国民線量の算定）第3版.
令和2年、原子力安全研究協会；国際放射線防護委員会 ICRP Pub.72；国連科学委員会（UNSCEAR）2008年報告書）

Column
原子力発電所事故

2011年3月11日、東北地方太平洋沖地震による津波によって福島第一原子力発電所（原発）は電源を失い深刻な原子力事故となりました。放射性物質を含む空気の塊は、風に流され、雨によって多くの放射性物質が地面に落ちました。拡散された主な放射性物質は、セシウム137、セシウム134、ヨウ素131です。これらは揮発性と水溶性の性質を持ちます。このうちヨウ素は8日で半減していくので、セシウムが主な残留放射性物質となります。

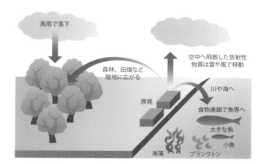

原発事故による放射性物質の拡散のイメージ図

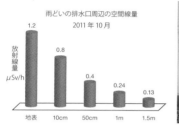

2011年10月、千葉県内の校舎の雨どいの排水口下の地表（左の写真）で放射線量を測定すると1.2μSv/hでした。原発事故による放射性物質は雲に乗って流され、雨で落下し、雨どいを通ってここに集められたのでしょう。地表からの高さを変えて測定すると、高くなるほど放射線量は小さくなりました。つまり、放射性元素は地表にのみ残っていることがわかります。放射線は地表に残る放射性物質から四方八方に放射されるので、そこから離れれば放射線量は距離の2乗に反比例して小さくなるのです。

校庭や林の方も測ってみると、木の多い枯葉の吹きだまりのような場所や、水が溜まる池のまわりも比較的多いことがわかりました（下図参照）。枯葉を集めたごみ袋を測ると、1μSv/hほどの大きな放射線量となりました。このような場所以外ではあまり違いはなく、測定した91か所の地表の放射線量の平均値は0.19μSv/hでした。2018年になると、ほぼすべての場所で0.10μSv/h以下の値となりました。

※単位　μSv/h。
※地表の値を記載
※室内の空間線量としては、SOEKS（20台）の平均値は0.14μSv、日立アロカシンチレーション検出器（2台）では0.09μSv/hで、SOEKSは日立アロカより0.05μSv/hだけ大きかった。

2011年10月17日千葉県　放射線量の様子（2018年はすべて0.1μSv/h以下）

放射線の人体への影響

　人体が放射線を浴びるとどのような影響があるのでしょうか。放射線の影響は、どの種類の放射線をどのくらいの量を浴びたか、一気に浴びたのか少しずつ浴びたのか、全身なのか身体の一部分なのか、などの条件で異なります。人体への放射線の影響の目安として次のようなものがあります。

60 μSv	1回の胸部X線検査
200 μSv	東京〜ニューヨーク間航空機往復
1 mSv	一般公衆の年間線量限度（医療被ばくを除く）
2.4 mSv	1年間に浴びる自然放射線量（世界平均）
2 〜 13 mSv	1回のCT検査
100 mSv	健康に影響が出る危険度が高まる
500 mSv	血中のリンパ球減少
1 Sv	悪心・嘔吐（10%の人）
4 Sv	2カ月以内に半数の人が死亡（γ線・β線で換算）
7 Sv	90%致死線量

（出典：生活環境放射線（国民線量の算定）第3版、令和2年、原子力安全研究協会；国際放射線防護委員会 ICRP Pub.72；国連科学委員会（UNSCEAR）2008 年報告書）

　放射線を身体の外から受けたとき（外部被ばく）と、身体の中の放射性物質から放射線を受けたとき（内部被ばく）ではその影響が異なります。内部被ばくの場合は、身体の中の放射性物質を簡単に取り除けないので、放射性物質が放射線を出して別の物質に変わるか自然に排出されるまで、身体内部に放射線を受けることになります。

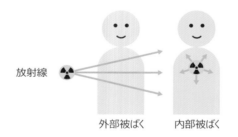

放射線　　　外部被ばく　　内部被ばく

DNA を壊す放射線

　放射線が人体の中を通過すると、放射線のまわりの水分子を電離・励起させます。すると活性に富んだラジカルが形成され、熱で拡散されたラジカルが DNA 損傷（DNA の分子や立体構造を変える）を引き起こします。この DNA 損傷は化学反応で、核反応ではないのです。

　日焼けでは臓器損傷を起こすことはありませんが、放射線をたくさん浴びると重篤な状態になることがあります。これは放射線が、生命の維持に極めて重要な DNA を傷つけるためです。DNA が傷ついても大部分は短時間で修復されますが、中には修復されない場合や誤修復されるものがあります。

　致命的な DNA 損傷を持つ細胞は細胞死を起こします。臓器や組織の中でたくさん細胞死が起こると機能障害を引き起こします（確定的影響）。致命的でない DNA 損傷を持つ細胞は、そのまま細胞分裂を繰り返し、がんの発生となる場合があります（確率的影響）。確率的影響の例として、がんや白血病、遺伝性影響があります。一方、確定的影響の例として、白内障、脱毛、不妊などがあります。指先だけの被ばくで白血病が発生することはないように、被ばくの条件でその影響は異なります。

放射線の医療応用

放射線の医療応用を大別すると、（1）X線撮影などの画像診断、（2）放射線治療、（3）放射性医薬品などの核医学、となります。また、輸血用血液などに放射線を照射して殺菌・滅菌処理をすることもあります。

© ソフテックス株式会社

軟X線写真

（1）右のX線写真で、白い部分はX線が透過しにくい骨などの部分です。X線が透過する水やその他の部分は黒く表示されます。X線は、X線管と呼ばれる真空管で電子を陽極の金属に衝突させて発生させます。右のX線写真はひとつの方向からのX線投影画像ですが、被写体のまわりの多方向からの投影情報を3次元的な画像にしたものがX線CT画像です。

（2）放射線治療とは、がん細胞などに放射線を照射して細胞を破壊する治療です。放射線を身体にあてると、分裂の盛んながん細胞がよりダメージを受け、正常細胞は修復機能により回復します。がん細胞自体が正常な細胞に比べ放射線感受性が高いのです。正常細胞にはできるだけ照射しないように、放射線をいかにがん細胞に集中させるか、どのような放射線の種類がよいかなどが研究されています。

放射線治療の長所としては、手術ではないため体への負担が少ない、臓器を温存できる、入院を必要としないなどがあります。短所としては、放射線による副作用があること、放射線治療は局所的であるため白血病などの全身のがんや放射線感受性の高い部位には適さないことなどが挙げられます。放射線治療の放射線の種類として、X線やガンマ線、電子線、陽子線、炭素イオン線などがあります。

X線撮影台

（3）核医学とは放射性医薬品を医療画像等に応用する分野です。PET（陽電子放射断層撮影）というコンピュータ断層撮影はX線撮影と違い身体内に放射性物質を投与して陽電子を放出させ、陽電子と電子の対消滅によって発生するガンマ線という放射線を検出します。これにより、がんの診断や、代謝などの生体の機能の情報が得られます。

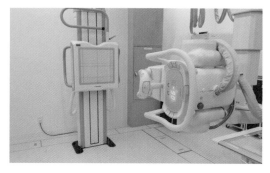

X線撮影装置

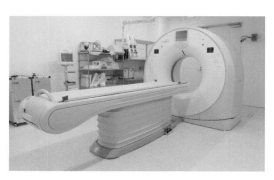

CT撮影装置

6-2 放射線の正体

大型ハドロン衝突型加速器（LHC） © CERN

目に見えない世界を見るためには

　　　　　　粒子加速器という実験装置は、粒子を加速して標的にぶつけ物質を壊して、その構成要素を探るものです。放射線の正体は、物質の構成要素と関係があります。目に見えない放射線をどのようにして捉えるのでしょうか？

Let's discuss!
物質は何からできているのか？

　物質を細かく壊していくと最終的にはどのようなものにいきつくのでしょうか？古代の人々はどのように考えていたのでしょうか？

❶ 紀元前、物質を構成するものはどのようなものだと考えられていたでしょうか？想像したり調べたりして話し合ってみましょう。

❷ 多くの錬金術師が鉛やスズや銅などの安価な金属を金や銀などの高価な金属に変えようとして失敗しました。どうして鉛を金に変えられないのでしょうか？

（出典：Pieter Brueghel）
『錬金術師』16世紀の錬金術師の実験室

物質は何からできているのか、この問いは紀元前の哲学者らにより議論され始めました。古代ギリシャのデモクリトスは、物質は分割不可能な粒子（Atom、原子）で構成されていると考えました。一方で、古代ギリシャの火・水・土・空気の四つで他の物体が構成されるという四元素説、古代中国の木・火・土・金・水の五行説、インドの地・水・火・風・空の五大説など、当時の世界観を背景に様々な説が提唱されました。

アリストテレスの四元素説では四元素は互いに転換できると説かれていたため、17世紀後半まで錬金術や水から土を作ろうとする実験もありました。18世紀に入り燃焼に関する現象の詳細な観察と定量測定が、それまでの研究を近代化学へと引き上げました。四元素のひとつとされていた水はさらに別の構成要素でできていることも明らかにされました。

今では、錬金術師が試みたような加熱や燃焼によって生じる化学反応では、元素の種類は変化しないことがわかっています。ですから鉛は金に変わらないのです。元素の種類を変化させるには原子核を変化させる反応が必要で、化学反応の100万倍ものエネルギーが必要となります。

物質を構成する粒子

物質がどのように構成されているのか、水を例にとって説明してみましょう。右図のように水は、水分子と呼ばれる粒によってできており、水分子は酸素原子と水素原子でできています。

原子はさらに分割できるのでしょうか。原子は電子と原子核に分けることができます。原子の構造は原子核のまわりに電子がまわっていると考えます（実際は電子は原子核のまわりに雲のように存在しています）。原子核は陽子と中性子でできており、陽子と中性子をまとめて核子と呼びます。原子の大きさに比べて原子核の大きさは10万分の1倍と、とても小さくなっています。

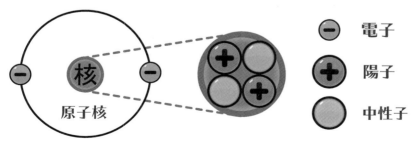

図1 原子と原子核と核子

それでは物質の構成要素の知識をもとにして、放射線の正体を考えていきましょう。

©CERN

CERN（欧州原子核研究機構）のLHC（大型ハドロン衝突型加速器）（左頁上の写真）で陽子を陽子にぶつけ、ATLAS検出器（上の写真）でその反応を検出し、物質の構造を探る研究がなされています。

O 酸素原子

H 水素原子

電荷と質量
電子・陽子・中性子の電荷と質量は次の通りです。これらの値は目に見えない粒子を識別する指標となります。

粒子	電荷	質量(kg)
電子	$-e$	9.109×10^{-31}
陽子	e	1.673×10^{-27}
中性子	0	1.675×10^{-27}

霧箱

　放射線はそのままでは見ることも触ることもできません。1912 年ウィルソンは、飛行機雲のできるしくみを応用して霧箱で放射線の軌跡を観測しました。霧箱で放射線を見てみましょう。

Let's try 手作りの霧箱で放射線を見てみよう！

身近なもので霧箱を作って放射線の軌跡を観察しましょう。

準備

- 実験道具 -
アルファ線源（モナズ石など）、
直径 10 cm 程度の容器（プラスチック、ガラス瓶　など）、
ラップ、輪ゴム、黒画用紙、スポンジテープ、
エタノール（1 台に 10 ml 強）、ペンライト、
皿（ドライアイスを入れる容器）、
ドライアイス（1 台に 300 g 程度）、スポイト（注射器など）、
軍手、木槌、封筒、新聞紙、スコップ、はさみ

実験手順

① 黒画用紙を切って容器の底に置く。容器内側の上部にスポンジテープを貼り付ける。

② 軍手をして、新聞紙を敷き、ドライアイスを封筒に入れ木槌で砕く。

③ ドライアイスがサラサラに細かくなったら皿に入れ、容器をその上に押し付けるように置く。

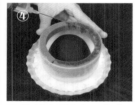
④ スポイトに入れたエタノールを、スポンジテープにかける。

⑤ 線源がぬれないように容器の中央に置く。ラップをかけて輪ゴムで固定する。

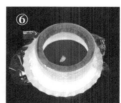
⑥ ドライアイスの上に容器を置いて 2 〜 3 分待つ。

⑦ 懐中電灯
部屋を暗くして横からペンライトをあてて上から観察する。

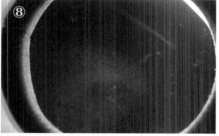
⑧ 線源をとりはずして観察しましょう。線源がなくても何か見えませんか？

　スーッと白い軌跡がみえましたか？もわっと見える霧はアルコール蒸気です。軌跡の形状、長さ、太さ、出現頻度などをよく観察して記録しましょう。

実験のポイント！
※ドライアイス、アルコールの取扱いに注意しましょう。
※アルファ線源の取扱いには注意して、実験後は必ず手を洗いましょう。放射線源は適切に保管しましょう。
※塩化ビニルの棒などに静電気を起こして近づけてから離すと見やすくなることがあります。

結果

霧箱の中で幅 2 mm 程の直線的な 3 〜 5 cm の白い線が見えました。まるで線香花火がはじけるようでした。線源をはずしても細く長い直線的な線が見えました。これは宇宙から飛んでくる宇宙線です。

モナズ石から放出される太く直線的な線

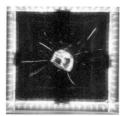

ペルチェ霧箱で見えたユークセン石（アメリカ・ワイオミング産、ウランを含む）からの放射線

霧箱のしくみ

霧箱は、飛行機雲ができるしくみを利用して、アルコール（エタノール）蒸気中の放射線の軌跡を目に見えるようにするものです。空気中のアルコール蒸気は飽和量を越えるとアルコールの液体（液滴）となります。飽和量を越えたアルコール蒸気が液体にならずに存在していると、わずかなきっかけで一気に液体になる状態（過飽和状態）になります。空気の温度が低いとアルコール蒸気の飽和量は少なくなり、過飽和状態を作りやすくなります。霧箱容器の上部のスポンジにかけられたアルコール液体が上部で蒸発し、密封された容器の中で拡散されて下部へ移動し、ドライアイスで冷やされている容器内で過飽和状態ができるようにします。

放射線が物質の中を通ると物質を作っている分子や原子の電子を弾き飛ばしてイオンを作ります（図2）。これを**電離作用**といいます。アルコールの過飽和状態の中を放射線が通ると、図3のように放射線（紫矢印）に沿ってイオン（赤粒子）が作られ、イオンのまわりにアルコール分子（青粒子）が集まり、目に見えるアルコールの滴となります。これが線状の霧となって、放射線の軌跡を残します。

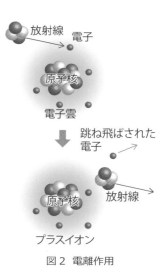

図 2　電離作用

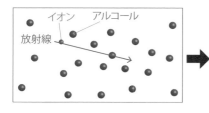

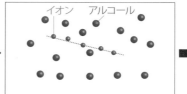

放射線(…)に沿ってイオンができる

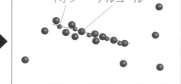

イオンのまわりにアルコールが集まる

図 3　霧箱のしくみ

放射線の正体

放射線の種類

　霧箱で見たような放射線は、電場をかけたり（図4）磁場をかけると（図5）曲がる性質を持っています。これは放射線が電荷を持っていることを示しています。

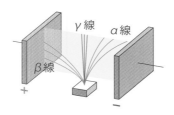

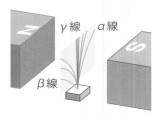

図4　電場の中の放射線　　　　　　　　図5　磁場の中の放射線

　このような放射線は、電荷と質量で分類して**アルファ（α）線、ベータ（β）線、ガンマ（γ）線**と名づけられました（図6）。アルファ線の実体は、陽子2個、中性子2個からなるアルファ粒子と呼ばれるヘリウムの原子核です。ベータ線の実体は、エネルギーの高い電子です。ガンマ線の実体はX線と同じ電磁波ですが、波長は 10^{-10} m以下と短く、そのエネルギーは非常に高いものです。

アルファ線

太く直線的な軌跡。アルファ線は陽子を2個含むので大きな電離作用があるためです。質量が大きいので運動量が大きくなるため、直線的で数センチ進みます。V字型に見えるのは、ラドンの崩壊後にできるポロニウムが非常に短時間で崩壊するため、ほぼ同時にアルファ線が観察されるためです。

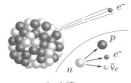

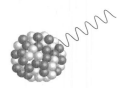

アルファ線　　　　　　　　ベータ線　　　　　　　　ガンマ線
陽子2個、中性子2個　　　　電子　　　　　　　　　　電磁波

図6　アルファ線、ベータ線、ガンマ線の実体

　左図は霧箱によるアルファ線とベータ線の写真です。太く直線的な軌跡はアルファ線、細くジグザクな軌跡はベータ線の軌跡です。電荷を持たないガンマ線は霧箱で軌跡を残しませんが、ガンマ線が気体分子と衝突して電子が発生するとその電子の軌跡が見られます。

　放射線は高いエネルギーを持つため、物質を透過する性質があります。図7のように、アルファ線は紙で止めることができますが、ガンマ線を止めるためには厚い鉛が必要です。

ベータ線

細くジグザグな軌跡。ベータ線は電子1個なのでアルファ線より小さい電離作用となります。質量も小さく気体分子と衝突して方向を変えるため、ジグザグな軌跡になります。

（図4、5 『視覚でとらえるフォトサイエンス物理図録』数研出版　放射線の図を改編。上の2枚の写真協力：株式会社ナリカ）

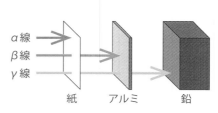

α線
β線
γ線

紙　　　アルミ　　　鉛

図7　放射線の蔽

放射線の発生

X線がレントゲンによって発見されたのは、真空放電管で電子線の実験をしていたときでした。電子線が正の電極にあたるとX線が発生します。X線撮影に用いられるX線はこのしくみを応用したもので、X線の発生を人工的に制御できます。

一方、アルファ線、ベータ線、ガンマ線の発生は制御できないものです。これらは放射性物質の原子核が自然に別の原子核に変わるときに放出されます。原子核が別の原子核に変化するのでなく、より安定な状態に変化するときにもガンマ線が放出されます。

それでは自然に別の原子核に変わる原子核とはどのようなものかをみていきましょう。原子核の種類は次のように表記されます。

原子核の表記法

原子核の種類は**質量数**Aと**原子番号**Zで表されます。化学的な性質は原子核のまわりの電子の数Zで決まるので、原子の種類は陽子の数つまり原子番号Zで決まります。

図8の上の図は酸素16の原子核の構成と原子核の表記の説明です。酸素16の原子核は陽子8個と中性子8個からできています。これを記号で表すと、2つの数字と1つのアルファベットで示されます。大きなアルファベットは原子の種類、つまり元素を示す**元素記号**です。現在知られている元素は118種類[1]あり、それぞれに2文字以下のアルファベットが決められています。酸素（Oxygen）はOで表します。

質量数は原子核の中の陽子と中性子の数の和です。酸素16の場合は陽子8個と中性子8個でできているので質量数はA＝8＋8＝16です。酸素の陽子の数が8個なので、原子番号はZ＝8です。原子核の中性子の数Nは質量数から原子番号を引いた数N＝A－Zになります。原子番号の小さい原子核では陽子数と中性子数がほぼ同数ですが、原子番号が大きくなると中性子が多くなる傾向があります。

同位体（アイソトープ）

陽子の数が同じであれば、中性子の数が異なり質量数が変わっても原子の種類は変わりません。同じ原子番号Zで質量数Aの異なる原子核を**同位体（アイソトープ）**といいます。図8の下の図は酸素の同位体である酸素18の原子核の構成と原子核の表記です。

> **POINT**
>
> **同位体**　同じ原子番号Zで質量数Aの違う原子核

 放射性炭素年代測定　**検索** 炭素にはいくつかの同位体が存在します。質量数が14の炭素14と呼ばれるものは、歴史的建造物や古代生物が何年前に存在したのかを調べる際に使われます。どのように利用されているのか調べてみましょう。

TIPS

X線とガンマ線の違い

X線は原子の状態の変化で発生するのに対し、ガンマ線は原子核の崩壊に伴って発生します。X線は、波長が$10^{-12} \sim 10^{-8}$ mの電磁波で、ガンマ線は波長が10^{-10} m以下の電磁波です。

$$A=16$$
$$Z=\ 8$$ O

酸素16の原子核

$$A=18$$
$$Z=\ 8$$ O

図8　酸素18（同位体）の原子核

[1] 国際純正・応用化学連合（IUPAC）が認めているもの。

mini-exercise

原子核の種類は次のように表されます。次の原子核は陽子と中性子をそれぞれ何個ずつ含んでいるでしょうか？

$$^{235}_{92}U \qquad ^{92}_{36}Kr$$

水素の同位体

　原子番号 Z＝1 の水素の同位体として天然に存在するのは次の 3 つです。

水素
$_1^1H$

重水素
$_1^2H$

三重水素
$_1^3H$

水素の同位体

水素：原子番号からわかるように、原子核は陽子 1 つです。中性子は含まれていないので、その質量数は原子番号と同じく 1 です。

重水素：1 つ中性子を含むので質量数は 2 です。

三重水素（トリチウム）：中性子を 2 つ含むので質量数は 3 です。この三重水素は放射線を放ちます。このように放射線を放つ同位体を**放射性同位体（ラジオアイソトープ）**と呼びます。

原子核の崩壊

　物質が自然に放射線を放出する性質を**放射能**といいます。放射能を持つ同位体が放射性同位体です。原子番号の大きな原子核には不安定なものがあり、放射線を出してより安定な状態の原子核に変化します。これを原子核の**崩壊（放射性崩壊、壊変）**といい、放射性崩壊をする原子核を**放射性原子核**といいます。

　手作りの霧箱で見た放射線は、アルファ崩壊という原子核の崩壊に伴って放出されたものです。アルファ崩壊は、不安定な原子核がアルファ粒子を出して原子番号が 2 少なく質量数が 4 少ない原子核になる現象です。ベータ崩壊は、不安定な原子核内の中性子がベータ線（電子）を放出して陽子に変わり、質量数は同じで原子番号が 1 大きい別の原子核になる現象です。アルファ線やベータ線を放出したあと、不安定な状態（**励起状態**）になっている原子核が、余分なエネルギーをガンマ線（電磁波）として放出して安定な状態になります。

　アルファ崩壊の例として、図 9 のようなものがあります。ラジウム 226 はアルファ崩壊によってアルファ線を放出してラドン 222 になります。さらに 2 回のアルファ崩壊を起こし、最終的に安定な鉛 214 になります。ベータ崩壊の例として、図 10 のようなものがあります。タリウム 206 はベータ線（電子）を放出して鉛 206 になります。

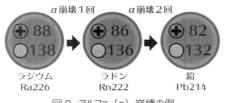

図 9　アルファ（α）崩壊の例

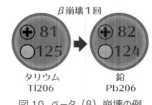

図 10　ベータ（β）崩壊の例

原子核の反応

原子核が別の原子核に変わるのは、不安定な原子核が自然に変わる原子核の崩壊だけでなく、別の原子核を高いエネルギーで衝突させたときにも起こります。このような現象を**核反応（原子核反応）**といいます。核反応が起こるときに出入りするエネルギーを**核エネルギー（原子力エネルギー）**といいます。核エネルギーの大きさは、化学反応で発生するエネルギーよりはるかに大きいものです。

原子核の分裂

質量の大きい原子核が2個以上の小さい原子核に分裂することを**核分裂**といいます。不安定な原子核がより安定な原子核に変化するときの反応で、この反応のときに核エネルギーが放出されます。図11はウランの核分裂です。ウラン235の原子核に中性子をあてると、2個の原子核に分裂し、中性子数個と核エネルギーが発生します。ウラン235の核分裂には図11以外にも異なる原子核に分裂する場合があります。

核分裂で発生した中性子が別の不安定な原子核にあたり、また別の核分裂を引き起こすと再び中性子が発生します。図12のように次々に核分裂反応が起こる現象を**連鎖反応**といいます。この連鎖反応が起こると、核分裂の回数は急激に増加します。連鎖反応が一定の割合で継続する状態を**臨界**といいます。

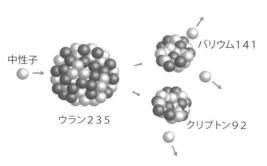

中性子
ウラン235
バリウム141
クリプトン92

◀図11 核分裂

図12 連鎖反応▶

原子力発電

原子力発電では、燃料棒中のウランの核分裂で発生した中性子を水や制御棒で吸収して連鎖反応をコントロールしています。この際放出された核エネルギーで水を熱してできた水蒸気でタービンを回し、電気エネルギーを取り出します。

原子力発電では、二酸化炭素が発生しないという長所があります。一方で、放射性廃棄物の処理の問題、事故が発生した場合の放射線による甚大な影響があります。

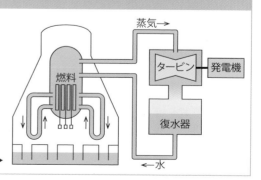

蒸気→
タービン
発電機
燃料
復水器
←水

原子力発電のしくみ▶

アルマ望遠鏡アンテナと金星と天の川　© ALMA（ESO/NAOJ/NRAO）

6-3
放射線のぶつり

放射線を測る

宇宙空間には様々な種類の電磁波や宇宙線と呼ばれる放射線が飛び交っています。上のアルマ望遠鏡は星の材料となる塵やガスが放つ電磁波を観測しています。放射線の単位や放射線を測る機器にはどのようなものがあるのでしょうか？放射線を測るとどのようなことがわかるのでしょうか？

Let's try
放射線源から遠ざかるとどうなるかな？

放射線源から遠ざかると、放射線の量はどのように変わっていくのでしょうか？実際に測ってグラフを作りましょう。

準備

- 実験道具 -
放射線測定器、
放射性岩石や密封放射線源、
メジャー

実験手順

実験①
距離を変えて放射線の量を測りましょう。1 cm 遠ざかるだけで急に変化するので、目安として 1 cm、10 cm、100 cm というように、等間隔ではなく 10 倍ごとにどう変わるか測定しましょう。その間の値も測ってみましょう。3 回ずつ測定してその平均を求めましょう。

実験②
横軸を距離、縦軸を測定した放射線の線量としたグラフを作りましょう。

※ここでは放射性岩石としてユークセン石を、放射線測定器としては GM 管を使用します。
※放射線源は適切に保管しましょう。

結果

線源の真上で測ると 20 μSv/h でした。1 cm 遠ざかると 8 μSv/h と急に小さくなりました。10 cm 遠ざかると 5 μSv/h。1 m では 0.1 μSv/h と、線源がない場合と同じ線量になりました。

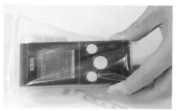

0 cm、20 μSv/h　　　　10 cm、5 μSv/h　　　　1 m、0.1 μSv/h

この様子をグラフにすると、下のようになりました（下左図）。少しでも放射線源から離れると放射線の量が急に減ることがわかりました。

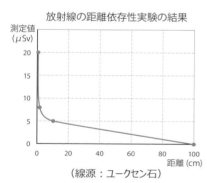

放射線の距離依存性実験の結果

測定値
(μSv)

距離 (cm)

（線源：ユークセン石）

同じ面積を通過する放射線の数は、A の方が B よりも多い

放射線源から出た放射線は、四方八方に飛んで行きます。真空中なら物質と相互作用しないため、放射線源からある距離遠ざかると、放射線の量は距離の 2 乗に反比例します（上右図）。

放射線を受けないようにするためには、放射性物質から離れることが大事です。放射線源から 10 倍遠くへ遠ざかれば放射線の量はほぼ 100 分の 1 に減ります。

前節の図 7 でみたように、放射線の種類によってさえぎることができる物質が異なります。鉛は密度が大きいので、放射線が鉛の原子と相互作用する回数が多くなり、鉛を通過する放射線の数は少なくなります。

TIPS
放射線を防ぐには
放射線をなるべく受けないようにするには、距離、時間、遮蔽の 3 点が大事です。
① 放射線源から遠ざかる。
② 放射線を受ける時間を短くする。
③ 厚い鉛など（放射線の種類による）で放射線をさえぎる。

放射線の量と単位

放射線は放射性物質から四方八方に放射され、遠くに離れるとあまり放射線を受けないことがわかりました。このことから、放射性物質がどのくらい放射線を出すのかという量と、どれくらい放射線を受けたかという量が異なることがわかります。また放射線は種類によって与える影響が異なります。そこで、放射線の単位についてみていきましょう。

ベクレル（Bq）

放射能には①自然に放射線を出す性質という意味の他に、②放射能の強さという意味があります。放射能の強さは1秒間に放射性崩壊を起こす回数、あるいは放射性崩壊を起こした原子核の個数で表し、単位は**ベクレル**（Bq）です。放射能はその放射性物質がどのくらい残っているのかという残留放射性原子核の数に比例するので、土壌や食品などにどれだけ放射性元素が残っているのかわかります。

放射線の種類による係数
- 線質係数 -

放射線	線質係数
X線・γ線・β線	1
陽子線	2
α線	20

（出典：2007年 ICRP Publication 103）
（陽子線の線質係数が5から引き下げられた。）

1 ベクレル（Bq） **1 秒間あたりに崩壊する原子の個数**

グレイ（Gy）

放射線を受ける側が、1kgあたりに放射線からどれくらいのエネルギーを受け取るかという量です。1kgの物質が吸収したエネルギー（J）を**吸収線量**といい、単位は**グレイ**（Gy）です。がんの放射線治療でどのくらいのエネルギーの放射線を照射するのかなどを表すのに用いられます。

1 グレイ（Gy） **物質 1 kgが吸収した放射線のエネルギー（J）**

組織・臓器ごとの係数
- 組織荷重係数 -

組織・臓器	組織荷重係数
生殖腺	0.08
赤色骨髄・結腸 肺・胃・乳房	0.12
膀胱・肝臓 食道・甲状腺	0.04
皮膚・骨表面 脳・唾液腺	0.01
その他	0.12
合計	1.00

（出典：2007年 ICRP Publication 103）

シーベルト（Sv）

最もよく使われるのが、放射線を受けた側の影響を加味した放射線のエネルギーを表すものです。吸収線量に放射線の種類やエネルギーごとの影響の重みをかけた量を**等価線量**といい、生体への放射線の影響を表します。単位は、**シーベルト**（Sv）です。例えば、アルファ線は生体への影響も大きいので、ベータ線の20倍の係数（左表：線質係数）をかけます。中性子線の係数はエネルギーによって異なります。

1 シーベルト（Sv） **放射線の種類による係数×吸収線量（Gy）**

また人体の組織や臓器ごとの影響の違いを表す係数（左表：組織荷重係数）をかけて足し合わせた量を**実効線量**といいます。等価線量と実効線量を合わせて**線量当量**といい、どちらも同じ単位シーベルトが用いられます。

放射能		ベクレル Bq	1 秒当たりの崩壊回数 Bq＝崩壊回数 / 秒	土壌や食品等 物質の評価
吸収線量		グレイ Gy	物質 1 kg 当たりの 吸収した放射線のエネルギー Gy＝J/kg	放射線治療時に 用いられる
線量等量	等価線量	シーベルト Sv	線量係数×吸収線量	人の臓器や組織の 評価
	実効線量	シーベルト Sv	組織荷重係数×等価線量	全身の評価 放射線防護に 用いられる

表　放射線の量の単位

放射線測定器

　放射線の測定器として比較的手軽な機器として、ガイガーミューラー計数管（GM 管）やシンチレーション検出器（右写真）などがあります。

ガイガーミューラー計数管（GM 管）

　ガンマ線とベータ線を測定します。ガイガーとミューラーが GM 管を開発しました。希ガスなどの気体を入れた管の中に、電極である細長い芯があります（図 11）。管の壁と芯の間に高電圧がかけられており、放射線が通ると気体が電離したときだけ電極間にパルス電流が流れます。このパルスの数を測ります。放射線の回数を計数できますが、放射線のエネルギーは測定できません。

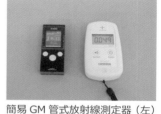

簡易 GM 管式放射線測定器（左）
とシンチレーション検出器（右）

GM 計数管

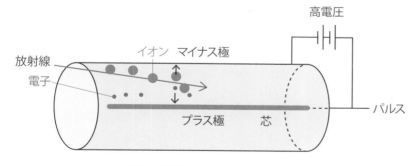

図 11　ガイガーミューラー計数管のしくみ

GM 管の構造
下にある細長い管が GM 管

シンチレーション検出器

　放射線にあたると蛍光（シンチレーション光）や燐光を発生する物質をシンチレータといいます。シンチレータに放射線があたるとシンチレーション光が放出され、これを光電子倍増管で増幅して電流に変換し検出します。放射線の種類を区別することができ、放射線のエネルギーを測定することができます。

ガラスの GM 管
管の中の細長い芯がプラス電極

放射線の物理

量子論

　Ｘ線やベータ線、ガンマ線の性質をみていくと、量子論に出会います。20世紀始め、原子や原子核などの非常に小さい目に見えない世界で起こる、ミクロな世界の研究が進みました。ここには核エネルギーのような大きいエネルギーが関係します。ミクロな世界を記述するのは、これまでの古典力学の描像とは違う**量子論**という新しい理論が必要であることがわかってきました。量子論では、光は波だけでなく粒子の性質を持ち、物質は粒子だけでなく波の性質を持つというのです。これを**波と粒子の二重性**といいます。

光子

　19世紀、金属に光をあてると電子が飛び出すという光電効果という現象がみつかりました。電子をより勢いよく飛び出させようと光を明るく（強く）しても電子の運動エネルギーは大きくなりません。ところが、光の波長を短くすると飛び出した電子の運動エネルギーが大きくなっていたのです。この不思議な現象を説明するために、1905年、アインシュタインはある振動数の光が粒子のようにエネルギーと運動量のかたまりを持つという**光量子仮説**を発表しました。

（出典：Ferdinand Schmutzer）
アルバート・アインシュタイン
（Albert Einstein、1879-1995）
ドイツ生まれの理論物理学者。現代物理学の基本的理論である相対性理論を打ち立て、時間と空間の概念を大きく変えました。ブラウン運動の理論、固体比熱理論、凝縮系など幅広い分野に業績があり、光量子仮説でノーベル賞を受賞しました。

　光は波としての振動数と粒子としてのエネルギーと運動量を持つというのです。この光を**光子（光量子）**といいます。光子のエネルギーは光子の振動数に比例し、比例定数を**プランク定数**といいます。

POINT

光子のエネルギー ＝ プランク定数 × 光の振動数

　波と粒子の二重性を関係づけるのが、プランク定数です。光子は、これまで波だとみなしてきましたが、ミクロな世界では粒子としてふるまうのです。一方電子は、これまで粒子とみなしてきましたが、ミクロな世界では波としてもふるまうのです。ある速さで運動している粒子の波長は**ド・ブロイ波長**とよばれ次のように与えられます。

TIPS

プランク定数
　波と粒子の二重性を関係づけるプランク定数は、hと書かれその値は次の値です。
　　$h = 6.63 \times 10^{-34}$ J・s

POINT

$$\text{ド・ブロイ波長} = \frac{\text{プランク定数}}{\text{粒子の質量} \times \text{速さ}}$$

半減期

　量子論が支配するミクロな世界では、「原子核の崩壊が何秒後に起こる」と決定することはできません。「原子核の崩壊はある時間が経つとある確率で起こる」という確率的な予言しかできないのです。

　放射性原子核は崩壊を起こすと、放射線を出して別の原子核になります。残っている放射性原子核の数は図 13 のように時間とともに少なくなっていきます。残っている放射性原子核の数が半分になる時間を**半減期**といいます。

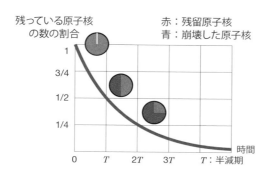

図 13　放射線原子核の減衰の様子

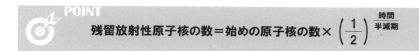

　この関係式から放射能が残留放射性原子核の数と半減期で表せることが導けます。放射能とは、1 秒間あたりに放射性原子核が崩壊した回数（個数）なので、図 13 のグラフの傾きにあたります。放射能は残留放射性原子核の数に比例し、半減期に反比例し、ln 2 ≒ 0.7 という数をかけたものです。

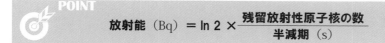

　半減期の長さは何を意味するのでしょうか？図 14 は、半減期の異なる放射性原子核の数の減衰の様子です。時間がたってもなかなか放射性物質がなくならないのは、半減期の長い放射性原子核です。

　例えば、ヨウ素 131 の半減期は 8 日なので数週間経てばすぐになくなります。セシウム 134 と 137 の半減期はそれぞれ 2 年と 30 年なので、セシウム 137 は数年ではなくなりません。

T I P S

残留放射性原子核の数を求めるには？

放射性原子核がまだどれだけ残っているのかは、放射能の値と半減期がわかると求められます。放射能に半減期（秒）をかけて、ln2 ≒ 0.7 で割った数が残留放射性原子核の数です。

残留放射性原子核の数

$$= \frac{半減期（s）×放射能}{\ln 2}$$

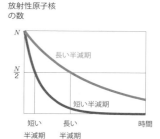

図 14　半減期の異なる放射線原子核の減衰の様子

T I P S

残留放射性原子核の数を予測するには？

　放射性原子核がどれだけ残っているのかを知るには、半減期のたびにその数を半減していけば求められます。ベータ崩壊（半減期）には次のようなものがあります。
セシウム 137 → バリウム 137（30 年）
セシウム 134 → バリウム 134（2 年）
ヨウ素 131 → キセノン 131（8 日）
これらの放射性崩壊で、ベータ線とガンマ線を放出します。

　例えば 10 年後、残留原子核の割合は次のようになります。
セシウム 137：79%
セシウム 134：3%
ヨウ素 131：ほぼ 0

質量とエネルギーの等価性

放射線が発生する核分裂という原子核の反応をみていくと、$E=mc^2$ というエネルギーと質量の等価性に出会います。原子核は核子の集まりです。ところが、原子核の質量は、ばらばらの核子の質量の和よりも小さいのです。この質量差を質量欠損といいます。この欠損した質量が、原子核の結合エネルギーと対応していることがわかりました。つまり、質量は結合エネルギーに変わったのです。

質量はエネルギーと同等であり、静止している物体のエネルギーは質量に光速の2乗をかけた値に等しいという関係があります。これはアインシュタインの特殊相対性理論による関係式です。物体が静止しているときのエネルギーを静止エネルギーといいます。

mini-exercise
0.7 g の質量がすべてエネルギーとなったら、何ジュールになるだろうか？
(6×10^{13} J)

POINT

静止エネルギー ＝ 質量 × 光速^2

光速は 3.0×10^8 m/s というとても大きな値です。1つの原子核が2つ以上の原子核に分裂するとき、非常に大きなエネルギーが発生します。1 kg のウラン235の核分裂で約 0.7 g の質量がエネルギーとして放出されます。これを $E=mc^2$ の関係式で計算すると 6×10^{13} J となります。この60兆Jものエネルギーは、6兆kgのおもりを1m持ち上げるときの位置エネルギーに相当します。

原子核から取り出せるエネルギーは非常に大きので、原子力エネルギーとして利用されているのです。一方で原子爆弾に使われると大変なことになります。

素粒子と宇宙

物質を構成する要素として、電子と陽子と中性子をみてきました。このほかにも宇宙線の観測によってミューオンが発見され、実験によってパイ中間子など、いろいろな粒子が次々と発見されました。2002年には、小柴昌俊たちが超新星爆発から来るニュートリノを検出しました。陽子や中性子やパイ中間子は、クオークという粒子で構成されていることがわかってきました。このような物質の基本的な構成要素を素粒子といいます。素粒子には質量のない光子も含まれます。原子核を形成するのに必要なグルーオンや、ベータ崩壊を引き起こすウィークボソン、重力を媒介する重力子も素粒子です。

素粒子の研究は究極の世界の法則を導き出してくれるのです。宇宙空間には、様々な電磁波、宇宙線、宇宙マイクロ波背景輻射など、広い意味での放射線が飛び交っています。放射線は様々な情報を運んできます。宇宙の謎を解く鍵をにぎる放射線。科学技術の進歩と共に、放射線は宇宙の謎の解明へと誘ってくれます。

T I P S
アルマ天体望遠鏡
（©ALMA(ESO/NAOJ/NRAO), R. Hills(ALMA)）
空気の澄んだ南米チリの標高5,000 mの高地で、宇宙から届く電波領域の電磁波をとらえます。第3節上の写真はアルマ望遠鏡と金星と天の川です。

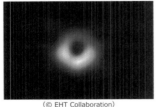

T I P S
ブラックホール
（© EHT Collaboration）
アルマ天体望遠鏡を含む地球上の8つの電波望遠鏡を使ったイベント・ホライズン・テレスコープで撮影された、M87銀河中心のブラックホールの影です。

1

放射線測定器で測定した値が $0.5\,\mu\text{Sv/h}$ だとすると、
1年間に受ける放射線は何ミリシーベルト（mSv）に
なるか？

2

次の原子核の陽子数と中性子数はいくらか。

① $^{1}_{1}\text{H}$　　② $^{2}_{1}\text{H}$

③ $^{3}_{1}\text{H}$　　④ $^{40}_{19}\text{K}$

⑤ $^{40}_{20}\text{Ca}$　　⑥ $^{40}_{18}\text{Ar}$

3

質量 m の物体の静止エネルギー E は、$E=mc^2$ で与
えられる。c は光速で、$c=3.0\times10^8$ m/s である。核
分裂で、質量 $1.0\,\text{g}$ の物体がすべて別の形のエネル
ギーとして放出されたとき、放出されたエネルギー
は何ジュール（J）か？

　また、このエネルギーに等しい位置エネルギーで、
ある物体を $1.0\,\text{m}$ の高さまで持ち上げるとすると、
いくらの質量の物体を持ち上げられるか？ただし、重
力加速度の大きさを $10\,\text{m/s}^2$ とする。

4

ある放射性元素の原子核の数は、12日たつと $\dfrac{1}{16}$ の
量になった。この放射性元素の半減期は何日か？

5

半減期 T 秒の放射性原子核が始め N_0 個あったとき、
崩壊して減っていき t 秒後の個数 N が

$$N = N_0\left(\frac{1}{2}\right)^{\frac{t}{T}}$$

と表される。放射性原子核の数が始めあった数の
0.1%に減るのは、半減期のおよそ何倍の時間が経過
したときか？
ヒント：$2^{10} \fallingdotseq 1000$ としてよい。

6

半減期30年のセシウム137の放射性原子核は、始
め N 個あったとする。2年後の放射性原子核の数が
N' になったとき、N'/N はいくらか？また、半減期2
年のセシウム134、半減期8日のヨウ素の放射性原
子核についてはそれぞれいくらか？計算器を用いて
求めよ。

1

放射線の量として次の量の単位は何か。

① 等価線量とよばれ、生体の放射線被ばくの影響を表すもので、物質 1 kg が吸収した放射線のエネルギーに線質係数をかけたもの。

② 放射能とよばれ、原子核が崩壊して放射線を放つ能力を表すもので、1 秒間当たりの崩壊した放射性原子の数。

③ 吸収線量とよばれ、物質 1 kg が吸収した放射線のエネルギー。

2

アルファ線、ベータ線、ガンマ線の中で次のもので遮蔽できるものはどれか？　遮蔽できるものすべてあげよ。
　　① 　段ボール箱
　　② 　薄いアルミ板
　　③ 　厚い鉛製の金庫

3

原子核の質量数 A は、その原子核がアボガドロ数(N_A)個集まったとき A グラムになることを表している。それでは次の原子核が N 個集まったときの質量は何 kg になるか？
　　① 　水素
　　② 　重水素
　　③ 　三重水素（トリチウム）
　　④ 　酸素 16
　　⑤ 　酸素 18
　　⑥ 　鉛 208

4

ある土地の土壌 1 kg の放射能は 20 kBq であった。このときの主な放射性原子核はセシウム 137 だとして、次の問いに答えよ。ただし、セシウム 137 の質量数は 137 で、半減期は 30 年である。

① 放射性原子核の数を N、半減期を T、放射能を X としたとき、N は X と T でどのように表されるか？

② この土壌にある放射性原子核の数 N はいくらか？ $\ln 2 = 0.7$ とする。

③ 放射性原子核の総質量は、放射性原子核の質量数 A、半減期 T、放射能 X、アボガドロ数 N_A を用いてどのように表されるか？

④ この土壌にある放射性原子核の総質量は何 g か？ ただし、アボガドロ数は、$N_A = 6.0 \times 10^{23}$ とする。

⑤ この土壌の 30 年後の放射能は何ベクレル(Bq)か？

5

始めに半減期の異なる 2 種類の放射性原子核が、同じ数だけあったとする。それぞれの半減期を A と B とし、A の方が小さいとする。半減期 B の時間が経過したとき、放射性原子核の数が多く残っている方は、少ない方の 32 倍の数だけ残っていた。この時点で数が多いのは、どちらの放射性原子核か？また、2 つの半減期の比はいくらか？

章末問題 -解答-

1章 -基礎- (p.27)

1 合力を赤いベクトルで示す。

1)   2)

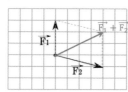 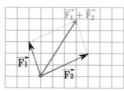

2 つり合う力を赤いベクトルで示す。

1)   2)

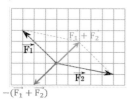 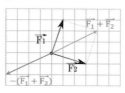

3 分力を2本の赤いベクトルで示す。

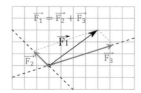

4 1) 2 kg   2) 1 kg

5 1) ②   2) ②

6 ③

1章 -応用- (p.28)

1 $5\sqrt{2} \fallingdotseq 7.1$ kgw

2 右端の力：$\dfrac{50}{9}$ kgw $\fallingdotseq 5.6$ kgw

支点の力：$\dfrac{500}{9}$ kgw $\fallingdotseq 55.6$ kgw

3 棒の長さを L (m) とすると反時計回りのトルクは $5L$ (kgw・m)。棒の重心までの距離は $\dfrac{L}{2}$ (m) なので、時計回りに $5L$ (kgw・m) のトルクを生じるための棒にはたらく重力は 10 kgw となる。   10 kgw

4 ① 1 (kgw) × 15 (cm) =15 (kgw・cm)
  ② 10 (kgw) × 30 (cm) = 300 (kgw・cm)
  ③ (15+300) (kgw・cm) =315 (kgw・cm)
  ④ 315 (kgw・cm) = x (kgw) × 5 (cm)
    ∴ $x = 63$ kgw
  ⑤ 63 (kgw) = $(y+1+10)$ (kgw)
    ∴ $y = 52$ kgw

2章 -基礎- (p.59)

1 ① 15 m/s   ② 54 km/h   ③ 112.5 m

2 ① 10 m/s   ② 0.5 m/s^2 ③ 100 m

3 ① 30 m/s   ② 45 m

4 10 m/s=36 km/h

5 4 m

6 1.5 kg・m/s

7 力学的エネルギーの保存より   4 m/s

2章 -応用- (p.60)

1 1：3：5

2 【A】8【B】24【C】16

3 運動量の保存より
  a. 0.1 m/s   b. 20 m/s

4 ① 0 m/s   ② $\dfrac{1}{2}$ s = 0.5 s

  ③ $\dfrac{5}{4}$ m = 1.25 m   ④ $\dfrac{1}{2}$ s = 0.5 s   ⑤ 5 m/s

5 ① $MV = MX + nY$

  ② $\dfrac{M}{2} V^2 = \dfrac{M}{2} X^2 + \dfrac{n}{2} Y^2$

  ③ $X = \dfrac{M-n}{M+n} V$

    $Y = \dfrac{2M}{M+n} V$

    $M > n$ より $X > 0$

  ④ $M > n$ より $2M > M + n$、
    よって $Y > V$

章末問題 -解答-

3章 -基礎-（p.89）

1 1辺 10 cm のタイルに 3 kg のおもりをのせた場合の圧力の方が 10 倍大きい。1辺 10 cm のタイルに 3 kg のおもりを乗せたときの圧力は、3000 Pa。1辺 1 m のタイルに 30 kg のおもりを乗せたときの圧力は、300 Pa。

2 ボイルの法則より 1.0×10^5 Pa

3 156 mmHg

4 冷ました後の温度を x として
$(98-x) \times 500 = (x-26) \times 100$ ∴ $x=86$
86℃、 25,200 J

5 直方体の重力が浮力とつり合う。 0.5 kg

6 理想気体の状態方程式より $n=0.02$ mol。これにアボガドロ数を乗じる。
1.2×10^{22} 個

7 水銀柱：640 mm、水柱：9 m

3章 -応用-（p.90）

1 $(90-10)(℃) \times 4.2$ $(J/(g \cdot K)) \div (0.9 (J/g \cdot K)) = 373℃$

2 圧力のつり合いより $\dfrac{M}{A} = \dfrac{N}{B}$

3 上は元の速さと同じ。下は元の速さの 10 倍。

4 1気圧を p_0 と書く。
P_1: $p_0 - 5$ cmH₂O、 p_2: p_0、
p_3: $p_0 + 5$ cmH₂O
容器の水がたくさんでも少しでも、穴の位置の圧力は一定なので、一定の量の水が流出する。

5 銅製容器・銅製かくはん棒の熱容量：
0.38 $(J/(g \cdot K)) \times 120$ $(g) = 45.6$ J/K
$\dfrac{(28.0-20.8)(℃) \times (45.6 + 4.2 \times 160)(J/K)}{[(100-28.0)(℃) \times 80(g)]}$
$=0.90$ J/$(g \cdot K)$
金属球の比熱：0.90 J/$(K \cdot g)$

4章 -基礎-（p.117）

1 ① 2 m ② 2 m ③ 2秒 ④ 0.5 Hz
⑤ 1 m/s

2 20 Hz: 344 (m/s)÷20 (Hz)＝17.2 (m)
20 kHz: 344 (m/s)÷20,000 (Hz)＝1.72 (cm)

3 344 (m/s) ÷ 120,000 (Hz)＝2.9×10^{-3} (m)
＝2.9 (mm)

4 ① −2 m ② 2 m ③ −2 m
④ −2 m ⑤ 2 m

5 3.4×10^2 (m/s) × 1 (s) ＝ 340 (m)

4章 -応用-（p.118）

1 2つの波源からの距離の差が波長の整数倍のとき強め合い、半整数倍のとき弱め合う。
A 強め合う B 強め合う C 弱め合う

2 ① 340 (m/s) ÷ 300 (Hz) ＝ $\dfrac{17}{15}$ (m) ≒ 1.1 (m)
② 1 ÷ 300 (Hz) ＝ $\dfrac{1}{300}$ (s) ≒ 3.3×10^{-3} (s)
③ 17/15 (m) − 20 (m/s) × $\dfrac{1}{300}$ (s)
＝16/15 (m) ≒ 1.1 (m)
④ 340 (m/s) ÷ $\dfrac{16}{15}$ (m) ≒ 319 (Hz)

3 ① $\dfrac{17}{15}$ (m) + 20 (m/s) × $\dfrac{1}{300}$ (s)
＝ $\dfrac{18}{15}$ (m) ≒ 1.2 (m)
② 340 (m/s) ÷ $\dfrac{18}{15}$ (m) ≒ 283 (Hz)

4 ① 4.6×10^{14} Hz ② 5.3×10^{14} Hz
③ 6.0×10^{14} Hz ④ 6.7×10^{14} Hz
⑤ 1.5×10^{15} Hz ⑥ 3.0×10^{14} Hz

5 (1) ③干渉 (2) $x=d \sin \theta$
(3) $d \sin \theta = m \lambda$ $(m=0, 1, 2, \cdots)$

5章 -基礎-（p149）

1 1（C）÷（1.60 × 10⁻¹⁹（C））= 6.3 × 10¹⁸ 個

1 $1(C) \div (1.60 \times 10^{-19}(C)) = 6.3 \times 10^{18}$ 個

2 $(8.5 - 3.5) \times 10^{-6}(C) \div 2 = 2.5 \times 10^{-6}(C)$

3 $1.5(V) \div 0.50(A) = 3(\Omega)$

4 $\dfrac{1}{(2r)^2} \div \dfrac{1}{r^2} = \dfrac{1}{4}$ 倍

5 電場の強さ　90 N/C
電場の向きは静電気力の向きと同じ

6 $6(C) \div 30(s) = 0.2(A)$

7 ① A の方が明るい
② A の電流：$60(W) \div 100(V) = 0.6(A)$
B の電流：$40(W) \div 100(V) = 0.4(A)$
③ A の抵抗：$100(V) \div 0.6(A) = \dfrac{500}{3}(\Omega)$
$\doteqdot 167(\Omega)$
B の抵抗：$100(V) \div 0.4(A) = 250(\Omega)$

5章 -応用-（p.150）

1 紙面の手前から奥向き

2 ① 直列に接続する場合は抵抗の和となるので、
基礎 **7** ③より
$167 + 250 = 417\ \Omega$
② $100(V) \div \dfrac{1250}{3}(\Omega) = \dfrac{6}{25} = 0.24(A)$
③ 電力は電流と電圧の積で与えられ、オームの
法則より電圧は電流と抵抗の積なので、電力
は電流の2乗と抵抗の積で与えられる。
A の消費電力：$\left(\dfrac{6}{25}\right)^2 (A^2) \times \dfrac{500}{3}(\Omega)$
$= \dfrac{48}{5} = 9.6(W)$、
B の消費電力：$\left(\dfrac{6}{25}\right)^2 (A^2) \times 250(\Omega)$
$= \dfrac{72}{5} = 14.4(W)$
④ B の方が明るい

3 電流は自由電子の流れとしてみると次ように与

えられる。
$I = envS$
$enS = 1.6 \times 10^{-19}(C) \times 8.5 \times 10^{28}(\text{個}/m^3) \times 1.0$
$\times 10^{-6}(m^2) = 13.6 \times 10^3 (C/m)$
$\Rightarrow v = 1.0(A) \div (13.6 \times 10^3)(C/m) = 0.074$
$\times 10^{-3}(m/s) \doteqdot 0.08 (mm/s)$　と自由電子
の平均の速さは遅い。

4 ① N 極を近づけたときに流れる誘導電流の向き
は（a）
② 遠ざけたときの向きは（b）
③ 2 倍　④　2 倍

6章 -基礎-（p.175）

1 4.4 mSv

2 （陽子数、中性子数）とする
① （1,0）　② （1,1）
③ （1,2）　④ （19,21）
⑤ （20,20）　⑥ （18,22）

3 $9.0 \times 10^{13}\ J$、$9.0 \times 10^{12}\ kg$

4 3 日

5 10 倍

6 セシウム 137: 95%、セシウム 134: 50%、
ヨウ素 131: 0%

6章 - 応用 - (p.176)

1 ① シーベルト（Sv）
② ベクレル（Bq） ③ グレイ（Gy）

2 ①アルファ線
②アルファ線、ベータ線
③アルファ線、ベータ線、ガンマ線

3 ① $\dfrac{N}{N_A} \times 10^{-3}$ kg ② $2\dfrac{N}{N_A} \times 10^{-3}$ kg

③ $3\dfrac{N}{N_A} \times 10^{-3}$ kg ④ $18\dfrac{N}{N_A} \times 10^{-3}$ kg

⑤ $208\dfrac{N}{N_A} \times 10^{-3}$ kg

4 ① $N = \dfrac{T}{\ln 2}X$

② 2.7×10^{13} 個

③ $\dfrac{N \times A}{N_A} = \dfrac{TX}{\ln 2}\dfrac{A}{N_A}$ (g)

④ 6×10^{-9} g ⑤ 10,000 Bq

5 半減期 A、B の放射性原子核の数をそれぞれ N_A、N_B として、はじめの個数を N_0 すると、時間 t が経過したときの数は次のように与えられる。

$$N_A = N_0\left(\frac{1}{2}\right)^{\frac{t}{A}}、N_B = N_0\left(\frac{1}{2}\right)^{\frac{t}{B}}$$

$t=B$ のときのそれぞれの個数は

$$N_A = N_0\left(\frac{1}{2}\right)^{\frac{B}{A}}、N_B = N_0\frac{1}{2}$$

となる。このとき A が B より小さいので、$\dfrac{B}{A}$ は 1 より大きい。従って、N_B は N_A より大きい。また、$\dfrac{N_B}{N_A} = 2^{\frac{B}{A}-1} = 32 = 2^5$ なので、半減期の比は $\dfrac{B}{A} = 6$。

指数と対数

指数

$A \times A$ を A^2 と書き、n 回 A の積をとるとき $A \times \cdots \times A = A^n$ と書く。このとき A を底といい、底の右肩の数 n をべき指数あるいは指数という。$A^0 = 1$、$A^1 = A$ である。指数に関して次の関係が成り立つ。

$$\frac{1}{A} = A^{-1}$$
$$A^b \times A^c = A^{b+c}$$
$$(A^b)^c = A^{bc}$$
$$(A^{-b})^c = A^{-bc}$$

対数

A を定数として、変数 x が変数 y の関数として $x = A^y$ と表されるとき、逆に y は x の関数として次のように表される。

$$y = \log_A x$$

この y を、A を底とする対数という。
底を $e = 2.71828\cdots$ というネイピア数とする対数を自然対数といい、次のように表す。

$$\log_e A = \ln A$$

自然対数は次の関係を満たす。

$$A = e^{\ln A}$$
$$\ln e = 1$$

またネイピア数 e は次の関係を満たす。

$$e = 1 + \frac{1}{1} + \frac{1}{2} + \frac{1}{3!} + \cdots = \sum_{n=0}^{\infty} \frac{1}{n!}$$

参考文献

第 1 章

Irving P. Herman 著, 齋藤太朗共訳, 高木建次共訳『翻訳　人体物理学:動きと循環のメカニズムを探る』エヌ・ティー・エス,（2009 年，初版 2007 年）

第 2 章

板倉聖宣『ぼくらはガリレオ』岩波書店（2011 年，初版 2011 年）

第 3 章

武居昌宏『マンガでわかる流体力学』オーム社（平成 21 年）

江沢洋『だれが原子をみたか』岩波書店 （2013 年，初版 1976 年）

砂川重信『エネルギーの物理学』河出書房新社（2012 年，初版 1972 年）

第 4 章

高橋秀俊監訳『バークレー物理学コース 3　波動　上』丸善出版（平成 23 年，初版 1967 年）

小橋豊『基礎物理学選書 4　音と音波』裳華房（2012 年，初版 昭和 43 年）

第 5 章

大島泰郎監修, 川久保達之, 工藤成史, 前田忠計『生命科学のための基礎シリーズ　物理』実教出版（2010 年，初版 2020 年）

Irving P. Herman 著, 齋藤太朗共訳, 高木建次共訳『翻訳人体物理学:動きと循環のメカニズムを探る』エヌ・ティー・エス,（2009 年，初版 2007 年）

『視覚でとらえるフォトサイエンス　物理図録』数研出版（平成 23 年，初版 平成 18 年）

第 6 章

『生活環境放射線（国民線量の算定）』原子力安全研究協会（令和 2 年第 3 版）

索引

おわりに

　読者の皆さんが本書をきっかけに、身のまわりの現象を見て「どうしてそうなるのかな」「これを応用するとどうなるのかな」などと、科学的な視点で考えてもらえる機会が増えれば幸いです。なお、本書を刊行するにあたり順天堂大学 学長プロジェクト 平成 29 年度学長教育改善プロジェクト「物理の参加型授業プログラムの開発」の助成を頂きました。新井一学長をはじめとする関係各位に謹んで御礼申し上げます。順天堂大学保健医療学部学部長 代田浩之先生には常に温かい励ましを頂きました。順天堂大学体操競技部 原田睦巳先生、冨田洋之先生、体操競技部の皆さん、順天堂大学スポーツ健康科学部 中村恭子先生には、美しい体操の写真撮影にご協力頂きました。物理の講義を履修してくれた学生の皆さんと様々な実験を行ったことが本書のもとになっています。また、本書制作開始時の編集担当であった佐久間弘子氏には、物理的な見地からも非常に有用なアドバイスを頂きました。理化学研究所 初田哲男氏には、実験のアイディアから実験協力、物理の議論などたくさん応援してもらいました。丸善担当編集者である小西孝幸氏には大変お世話になりました。ご支援下さった皆様に心から感謝いたします。

──────── 制作スタッフ（敬称略）────────

写真撮影：伊知地国夫（次以外のすべて）、Storm Petrel Studio 南口雄（p.121　雷）、タイセー　菊地淳（p.139　雀）、初田哲男（p.100　水面派の干渉、p.101　波の回折、p.147　IH 調理器実験の 2枚、p.148　IH 調理器実験の 2枚）、初田真知子（p.105　花火、p.152　御影石の道）

写真提供：ソフテックス株式会社、欧州原子核研究機構（CERN）、アタカマ大型ミリ波サブミリ波干渉計（ALMA）、イベントホライズンテレスコープ（EHT）

イラスト：小山晋平、矢田雅哉、いらすとや

モデル・撮影協力：順天堂大学の以下の皆さん（所属は撮影時点）
　　　　　　体操競技部　豊田時生、松本啓吾、廣林隼
　　　　　　医学部　田中大暉、宮崎アリシア、佐井和弥、若井大暉
　　　　　　スポーツ健康科学部　西山竜義、川口知紀、世良圭南子、庄司智子
　　　　　　保健医療学部　小沼蓮、鈴木陽菜

—————— 著　　者 ——————

初田真知子（はつだ・まちこ）
順天堂大学保健医療学部診療放射線学科教授。順天堂大学保健医療学部、医学部、スポーツ健康科学部、医療看護学部、国際教養学部の物理をこれまでに担当。ニューヨーク州立大学ストーニー ブルック校大学院理学部物理学科 Ph.D.。著書に『先生、物理っておもしろいんですか？』（パリティ編集委員会編、丸善出版）がある。専門は素粒子理論物理学の超弦理論。また、放射線に関して食物資源への宇宙線の影響の研究、及び物理の楽しさを伝える活動も行っている。

伊知地国夫（いちじ・くにお）
科学写真家。順天堂大学国際教養学部非常勤講師。国際教養学部の「現代社会における物理学」を担当。学習院大学大学院自然科学研究科修士課程修了、物理学専攻。著書に『美しい科学の世界　ビジュアル科学図鑑』（東京堂出版）、『そうだったのか！ しゅんかん図鑑』（小学館）などがある。科学写真撮影、書籍、実験教室などを通して、科学の楽しさを広める活動も行っている。

矢田雅哉（やた・まさや）
順天堂大学医学部一般教育物理学研究室助教。順天堂大学医学部、スポーツ健康科学部の物理担当。総合研究大学院大学高エネルギー加速器科学研究科索粒子原子核専攻 Ph.D.。専門は素粒子 理論物理学の超弦理論および超重力理論。また、科学広報活動も行っており、科学をたのしく・わかりやすく伝える方法を日々探求している。

身近な素材で実験する物理

令和 4 年 1 月 25 日　発　行

著作者　初　田　真知子
　　　　伊知地　国　夫
　　　　矢　田　雅　哉

発行者　池　田　和　博

発行所　丸善出版株式会社
　　　　〒101-0051　東京都千代田区神田神保町二丁目17番
　　　　編集：電話(03)3512-3266／FAX(03)3512-3272
　　　　営業：電話(03)3512-3256／FAX(03)3512-3270
　　　　https://www.maruzen-publishing.co.jp

組版印刷／製本・日本ハイコム株式会社

ISBN 978-4-621-30594-2　C3042　　　　　Printed in Japan

● 国際単位系（SI）

国際単位系（略称 SI）はあらゆる分野において国際的に使用される単位系として、1960 年の国際度量衡総会で採択された。7 種類の基本物理量に対応する 7 個の基本単位がある。基本単位の乗除で表せる単位を組立単位といい、固有の名称（記号）を持つものもある。

基本単位

物理量	単位の名称	単位記号
時間	秒	s
長さ	メートル	m
質量	キログラム	kg
電流	アンペア	A

物理量	単位の名称	単位記号
熱力学温度	ケルビン	K
物質量	モル	mol
光度	カンデラ	cd

組立単位

物理量	単位の名称	単位記号
速さ，速度	メートル毎秒	m/s
加速度	メートル毎秒毎秒	m/s^2
力	ニュートン	$N=kg \cdot m/s^2$
圧力	パスカル	$Pa=N/m^2$
トルク（力のモーメント）	ニュートンメートル	$N \cdot m$
運動量	キログラムメートル毎秒	$kg \cdot m/s$
仕事，エネルギー，熱量	ジュール	$J=N \cdot m=V \cdot C$
振動数	ヘルツ	$Hz=1/s$
電気量	クーロン	$C=A \cdot s$
電位・電圧	ボルト	$V=kg \cdot m^2/(s \cdot A)$
電場の強さ	ボルト毎メートル	V/m

物理量	単位の名称	単位記号
抵抗	オーム	$\Omega =V/A$
抵抗率	オームメートル	$\Omega \cdot m$
電力	ワット	$W=V \cdot A$
電力量	ジュール	$J=W \cdot s$
磁場の強さ	アンペア毎メートル	$A/m=N/Wb$
磁束	ウェーバ	$Wb=N \cdot m/A$
磁束密度	テスラ	$T=Wb/m^2$
放射能の強さ	ベクレル	$Bq=1/s$
吸収線量	グレイ	$Gy=J/kg$
等価線量・実効線量	シーベルト	Sv

接頭語

倍数	名称	記号
10^{24}	ヨタ	Y
10^{21}	ゼタ	Z
10^{18}	エクサ	E
10^{15}	ペタ	P
10^{12}	テラ	T
10^9	ギガ	G
10^6	メガ	M

倍数	名称	記号
10^3	キロ	k
10^2	ヘクト	h
10^1	デカ	da
10^{-1}	デシ	d
10^{-2}	センチ	c
10^{-3}	ミリ	m
10^{-6}	マイクロ	μ

倍数	名称	記号
10^{-9}	ナノ	n
10^{-12}	ピコ	p
10^{-15}	フェムト	f
10^{-18}	アト	a
10^{-21}	ゼプト	z
10^{-24}	ヨクト	y